U0251674

中国生物多样性保护
公众参与机制研究

Study on the Public Participation Mechanism of Biodiversity Conservation in China

唐　艳／著

四川大学出版社
SICHUAN UNIVERSITY PRESS

项目策划：李思莹　胡晓燕
责任编辑：胡晓燕
责任校对：肖忠琴
封面设计：墨创文化
责任印制：王　炜

图书在版编目（CIP）数据

中国生物多样性保护公众参与机制研究 / 唐艳著
. 一 成都 : 四川大学出版社，2021.10
ISBN 978-7-5690-5063-9

Ⅰ. ①中… Ⅱ. ①唐… Ⅲ. ①生物多样性－生物资源保护－公民－参与管理－研究－中国 Ⅳ. ①X176

中国版本图书馆 CIP 数据核字（2021）第 206479 号

书名　中国生物多样性保护公众参与机制研究
ZHONGGUO SHENGWU DUOYANGXING BAOHU GONGZHONG CANYU JIZHI YANJIU

著　　者　唐　艳
出　　版　四川大学出版社
地　　址　成都市一环路南一段 24 号（610065）
发　　行　四川大学出版社
书　　号　ISBN 978-7-5690-5063-9
印前制作　四川胜翔数码印务设计有限公司
印　　刷　成都金龙印务有限责任公司
成品尺寸　170mm×240mm
印　　张　10.25
字　　数　192 千字
版　　次　2021 年 10 月第 1 版
印　　次　2021 年 10 月第 1 次印刷
定　　价　60.00 元

版权所有 ◆ 侵权必究

◆ 读者邮购本书，请与本社发行科联系。
电话：(028)85408408/(028)85401670/
(028)86408023　邮政编码：610065
◆ 本社图书如有印装质量问题，请寄回出版社调换。
◆ 网址：http://press.scu.edu.cn

四川大学出版社
微信公众号

内容摘要

中国是世界上生物多样性最为丰富的国家之一，受人类活动的影响，中国的生物多样性面临生态系统功能下降、物种急剧减少以及遗传多样性丧失的多重威胁。为了平衡生物多样性保护和人类发展，中国发布了《中国生物多样性保护战略与行动计划(2011—2030 年)》，明确了公众参与是生物多样性保护的基本原则，并将公众参与机制的建设作为未来二十年的优先行动之一。中国的民主政治建设、立法推动、战略推进、政府职能转变以及生物多样性保护项目的展开，已经为生物多样性保护的公众参与奠定了基础，但其机制还不完善。本书以生物多样性保护的公众参与机制研究为题，展开理论和实证研究。

第 1 章，概论。本章分析了生物多样性保护公众参与的研究进展。中国明确了公众参与在生物多样性保护领域的基础地位，并对部分生物多样性保护公众参与方法展开了实证研究。在已有的文献记录中，学者们普遍认可的参与主体包括社区居民、政府相关管理部门、科研机构、非政府组织、企业等相关利益群体。目前，中国对于生物多样性保护公众参与机制的研究尚处于起步阶段，缺乏对生物多样性保护公众参与机制的系统性研究。

第 2 章，生物多样性保护公众参与机制的理论基础。有关生物多样性保护公众参与机制的研究，涉及环境生态学、政治学、社会学、法学、管理学等多学科领域，各学科的理论体系和实践经验为生物多样性保护公众参与机制奠定了理论基础、方法基础和政策基础。本章首先阐述了公众参与的含义，分析了“环境权理论”“社会冲突理论”“协商民主理论”“阶梯理论”等公众参与相关理论，界定了生物多样性保护公众参与机制的参与主体、客体。然后在此基础上，对政府管理部门、科学家、社区居民、企业、非政府组织等利益相关群体进行了具体分析。本书探讨的生物多样性保护公众参与机制是指所有的利益相关者共同参与生物多样性保护的协调合作的机制。生物多样性保护的公益性和复杂性，要求政策的产生和制定必须由企业、非政府组织、研究机构、政府部门和公众个人共同参与合作。同时，中国生物多样性保护行政管理涉及林业、国土、农业、水利、环保等多个部门，政府部门间的协作是必不可少的。在厘清生物多样性保护公众参与主体和客体的基础上，进一步阐述了公众参与机制的概念和内涵，提出了生物多样性保护公众参与机制应当包括对参与主体、客体的选择以及实际参与过程的有效组织实施。

第3章，生物多样性保护公众参与机制的构建。本章从公众参与的法治机制、方法培训机制、公众科学机制、协议保护机制几个方面讨论了生物多样性保护公众参与机制的构建。首先，提出建立公众参与的法治机制，其目的是使公众环境权利得以实现，赋予公民环境知情权和环境参与权，构建公民个人、非政府组织、研究机构、相关资源管理部门共同参与的环境公益诉讼机制。此外，公众参与的法治机制的实现还依赖于当地公众参与的法制建设现状、公众对基本参与权利的诉求、政府部门对参与程序的认知等。其次，阐述通过建立公众参与的方法培训机制，为公众参与生物多样性保护提供具体的方法和途径。建议制定生物多样性保护领域的《公众参与的工具和技术细则》作为《环境保护公众参与办法》的补充，促进公众参与的实践。再次，提出公众科学机制为生物多样性保护的科学研究提供公众参与的平台，以补充生物多样性科研信息的不足，公众科学也是提高公众生物多样性保护意识的途径。最后，探讨协议保护机制。协议保护机制通常运用在自然保护区及其周边地区的生物多样性保护管理中，是一种由保护区的管理部门、林业部门等政府机构，会同研究机构、民间环境保护组织、企业、社区居民等多方参与的新型生态资源保护模式，为公众参与生物多样性保护提供实践模式。

第4章，生物多样性保护公众参与案例解析及参与式工具和方法的实践研究。本章在上述研究的基础上，对目前国内生物多样性保护领域的公众参与案例进行了参与主体、参与方法、参与机制等方面的具体分析。由此认识到，中国在公众参与实践领域，重视居民、社区、政府部门的联合保护；个人公众参与意识逐渐增强，尤其是专家的带领作用能有效引导和激励公众的参与；协议保护项目的开展作为中国生物多样性保护区的一种新模式，为公众参与机制提供了参与平台和范式。此外，本章还阐述了两项参与式工具和方法的实践研究：第一项，选取生物多样性保护优先区域——四川秦巴山区作为研究对象，用参与式方法探讨该区域的可持续发展现状，对秦巴山区可持续发展作了利益相关群体分析，并提出政策建议。第二项，选取位于横断山—岷山北段生物多样性优先保护区域的打色尔村为研究区域，采用公众参与的方法，讨论当地村民对生态资源的利用和保护过程中存在的问题。通过问卷调查和结构式访谈了解当地村民对生态资源保护的认知和态度。采用问题树分析方法分析打色尔村生态资源利用和保护面临的问题。

第5章,生物多样性保护公众参与机制的实践研究。本章在理论研究的基础上,选取了四个位于生物多样性优先保护区域的县作为案例研究地,对当地行政部门人员和普通公众进行问卷调查,并利用SPSS19.0软件对调研数据进行统计与分析。调研结果表明:当地生物多样性保护公共事务的执行需要公众的深层次参与;当地公众的权利意识初步形成,但其公共精神不足,接受公共参与知识教育培训的意愿尚需强化;政府人员已经认可公众参与生物多样性保护相关公共事务,并正在积极推动政务信息公开,但当地公众参与生物多样性保护的制度供给尚显不足。

本书的创新点和研究成果:

(1)系统分析了生物多样性保护公众参与机制的理论基础、方法基础和政策基础,界定和阐释了公众参与的主体和客体。

(2)提出了基于生物多样性保护公众参与主体和客体的公共事务选择及参与过程执行的公众参与机制,进一步从法治机制、方法培训机制、公众科学机制、协议保护机制四个方面构建了生物多样性保护公众参与机制。建议制定生物多样性保护领域的《公众参与的工具和技术细则》,以作为《环境保护公众参与办法》的补充。

(3)应用参与式工具和方法,在生物多样性保护区域展开了实践研究。

(4)将本书提出的公众参与机制运用到生物多样性优先保护区域进行案例研究,为公众参与机制的实践提供参考。

目 录

引　言

生物多样性是人类赖以生存和发展的重要基础，是生态文明建设的重要内容，是人与自然和谐共生的集中体现，是高质量发展的有效载体。中国是世界上生物多样性高度丰富的国家之一，生物多样性保护工作是建设美丽中国的重要抓手。自1992年成为联合国《生物多样性公约》协约国以来，中国在就地保护、迁地保护、生态修复工程、政策法规、国际合作等方面都取得了重要进展①。未来，面向社会主义强国生态文明建设目标和全球生物多样性保护2050年目标，中国在履行《生物多样性公约》的同时，参与并引领着全球生物多样性保护行动。保护行动全民化是未来中国生物多样性保护变革的主流路径，是实现"人与自然和谐共处"的生物多样性保护理想状态②。

生物多样性保护与人类福祉息息相关，生物多样性保护工作是一项全民公益事业。万物和谐生长的生态环境为人类提供了公共生态产品，以满足人们对优美自然环境的生态需求。建立生物多样性保护公众参与机制与伙伴关系，研究建立社会各方参与的生物多样性保护联盟，组织开展生物多样性保护活动，是中国未来生物多样性保护的优先行动。只有全社会的共同参与，才能促进生物多样性保护的可持续发展③。健全的公众参与机制是生物多样性保护可持续发展的基石。本书在理论研究部分对生物多样性保护的公众参与机制的理论基础和构建作了详尽阐述。

生物多样性高度丰富和人类活动频繁的山区是建设生物多样性保护公众参与机制的重点区域。全球约有31%的陆地面积被森林覆盖，森林生态系统是

---

① 任海，郭兆晖. 中国生物多样性保护的进展及展望［J］. 生态科学，2021，40（3）：247-252.

② 齐萍，刘海涛. 习近平总书记生物多样性保护重要论述的内涵意蕴［J］. 山东理工大学学报（社会科学版），2021，37（4）：21-27.

③ Barnosky A D, Matzke N, Tomiya S, et al. Has the Earth's sixth mass extinction already arrived?［J］. Nature，2011，471（7336）：51-57.

提供丰富的生物多样性的重要区域，这些区域主要分布在山区[①]。中国是一个多山的国家，山区面积占国土总面积的2/3。全国林业面积的90%、林木蓄积的80%都集中在山区，山区一直被认为是中国生物多样性保护的重要场所[②]。维持生物多样性的同时满足人民的需求，依赖于公众的积极支持。能否得到当地人民的支持是保护政策能否成功实施的基础[③]。充分利用山区的自然资源，促进山区经济繁荣，提高山区人民的生活水平，是践行习近平总书记"绿水青山就是金山银山"理念的可行路径。因此，本书的实践研究部分选择以山区为研究区域，探讨生物多样性高度丰富区域的公众参与机制建设。

在此背景之下，探讨生物多样性保护的公众参与机制，有利于营造公众支持并参与生物多样性保护的良好氛围，完善生物多样性保护补偿机制，创新、增加公共生态产品供给，推动全球尽早实现人与自然和谐共生的2050年愿景。

---

① Muccione V，Salzmann N，Huggel C. Scientific knowledge and knowledge needs in climate adaptation policy：a case study of diverse mountain regions [J]. Mountain Research and Development，2016，36 (3)：364-375.

② 中华人民共和国林业部. 中国21世纪议程林业行动计划 [M]. 北京：中国林业出版社，1995.

③ Bennett N J，Dearden P. Why local people do not support conservation：community perceptions of marine protected area livelihood impacts，governance and management in Thailand [J]. Marine Policy，2014 (44)：107-116.

第1章　概　论

本章阐述了中国生物多样性保护公众参与机制的研究背景，以及选题依据、研究内容和研究方法。

1.1　研究背景

1.1.1　中国生物多样性保护现状

1.1.1.1　概况

中国是世界上生物多样性最为丰富的国家之一，拥有森林、灌丛、草甸、草原、荒漠、湿地等地球陆地生态系统，以及黄海、东海、南海、黑潮流域等海洋生态系统；拥有高等植物34984种，居世界第三位；脊椎动物6445种，占世界脊椎动物种类总数的13.7%；已查明的真菌种类约10000种，占世界真菌种类总数的14%。中国生物遗传资源丰富，是水稻、大豆等重要农作物的起源地，也是野生果树和栽培果树的起源中心之一。据不完全统计，中国有栽培作物约1339种，其野生近缘种达1930种，果树种类居世界第一。中国是世界上家养动物品种最丰富的国家之一，有家养动物品种576个[①]。

1.1.1.2　受威胁现状

中国生物多样性面临的威胁表现在生态系统多样性、物种多样性、遗传多样性威胁三个方面。同时，人类活动的影响与生物多样性息息相关。

1. 生态系统功能退化

人类的活动会导致自然生境受到破坏，使生物多样性受到威胁。近几十年来，中国的生态系统功能不断退化，物种濒危程度加剧，遗传资源不断丧失和流失。其主要表现为：中国人工林树种单一，抗病虫害能力差；90%的草原有不同程度的退化；内陆淡水生态系统受到威胁，部分重要湿地退化，海洋和海

---

① 中华人民共和国环境保护部. 中国生物多样性保护战略与行动计划（2011—2030年）[M]. 北京：中国环境科学出版社，2011：1.

岸带物种及其栖息地不断丧失，海洋渔业资源减少。

2. 物种种群数量减少

2015年11月12日，世界自然基金会（World Wide Fund for Nature or World Wildlife Fund，WWF）和中国环境与发展国际合作委员会（CCICED）共同公布了关于中国生物多样性状态与自然资源需求关系的研究报告。报告指出，1970—2010年间，中国陆生脊椎动物种群数量减少幅度最大，达到了一半，其中两栖爬行类物种种群数量下降幅度达到了97%，兽类物种种群数量减少了51%①。

2015年，环境保护部联合中国科学院发布了《中国生物物种名录》（2015版）和《中国生物多样性红色名录》。中国约有10.9%的高等植物和21.4%的脊椎动物正遭受生存威胁。对中国已知的4357种脊椎动物的分类评估显示，中国脊椎动物的灭绝风险远高于世界平均水平。据估计，中国野生高等植物濒危比例达15%～20%，其中，裸子植物、兰科植物等高达40%以上。野生动物濒危程度不断加剧，有233种脊椎动物面临灭绝，约44%的野生动物种群数量呈下降趋势，非国家重点保护野生动物种群数量下降趋势明显②。

3. 遗传资源丧失

一些农作物的野生近缘种的生存环境遭受破坏，导致栖息地丧失，如野生稻原有分布点的60%～70%已经消失或萎缩。部分珍贵和特有的农作物、林木、花卉、畜、禽、鱼等种质资源流失严重。一些地方传统和稀有品种资源丧失③。

4. 人均生态足迹超过了生态承载力

《地球生命力报告·中国2015》的研究结果显示，中国生态足迹总量占全球六分之一，排名世界第一；中国人均生态足迹虽低于全球水平，但消耗着自身生物承载力2.2倍的资源。中国当前的生物生存性面积无法完全满足中国人口增长的资源需求，生态赤字效应比较明显。随着人口的增长，生态赤字还会持续走高，会引起更为严重的生态问题（如森林减少、水资源减少、土地沙漠

---

① WWF中国. 地球生命力报告·中国2015［R/OL］.（2015-11-12）［2019-06-09］. http://www.wwfchina.org/content/press/publication/2015/地球生命力报告. 中国2015. pdf.

② 中华人民共和国生态环境部. 生态环境部和中国科学院联合发布中国生物多样性红色名录［EB/OL］.（2018-05-22）［2019-11-30］. http://www.mee.gov.cn/xxgk2018/xxgk/xxgk15/201805/t20180522_630182.html.

③ 中华人民共和国环境保护部. 中国生物多样性保护战略与行动计划（2011—2030年）［M］. 北京：中国环境科学出版社，2011：1.

化、生物多样性进一步减少等①)。

1.1.1.3 中国生物多样性保护的政策现状

中国对于生物多样性保护的政策主要包括以下四个方面。

1. 与生物多样性相关的国际条约的履约

中国加入的与生物多样性相关的国际条约包括以下四类。

(1) 关于生物多样性保护的综合性公约。

1992年，在巴西里约热内卢举行的世界环境与发展大会上，一百多个国家(包括中国)签署了《生物多样性公约》(*Convention on Biological Diversity*，CBD)，这是有关生物多样性的综合性全球性公约。《生物多样性公约》的主要目标：保护生物多样性，持久使用其组成部分，以及公平合理地分享利用由遗传资源产生的惠益。《生物多样性公约》要求各缔约国按照公约的要求，以公约的文本及历次缔约方大会的决议为基础，根据本国国情制定各自的生物多样性保护政策。《生物多样性公约》是有关生物多样性保护和持续发展的国际条约，是第一个全面认识生物多样性在可持续发展中的作用的国际条约。

(2) 关于生态系统多样性保护的公约。

截至2015年7月，共有168个缔约国参加了《关于特别是作为水禽栖息地的国际重要湿地公约》(又称《拉姆萨尔公约》)。根据公约划为“拉姆萨尔湿地”的地点有2208个，总面积达2011亿公顷。中国于1992年7月31日正式实施《拉姆萨尔公约》的规定，截至2013年，全国共有46个拉姆萨尔湿地，面积达400万公顷②。

1994年6月7日，《联合国防治荒漠化公约》(*United Nations Convention to Combat Desertification*，UNCCD)在巴黎签订，于1996年12月生效。中国于1994年10月14日签署该公约，于1997年5月9日对中国生效。

(3) 关于物种多样性保护的公约。

1973年，《濒危野生动植物种国际贸易公约》签订，现已有166个主权国家加入。中国自1981年正式加入公约以来，认真履行公约义务，推动了野生动植物种保护和国际贸易的各项工作的开展。2001年，中国启动实施了全国野生动植物保护及自然保护区建设工程，由此，中国濒危野生动植物保护事业

---

① WWF中国. 地球生命力报告·中国2015 [R/OL]. (2015-11-12) [2019-06-09]. http://www.wwfchina.org/content/press/publication/2015/地球生命力报告.中国2015.pdf.

② The Convention on Wetlands. China's newest Ramsar Sites [EB/OL]. (2013-10-24) [2019-11-30]. https://www.ramsar.org/news/chinas-newest-ramsar-sites.

得到快速发展①。

1946 年 12 月 3 日，《国际捕鲸管制公约》于华盛顿签订，并于 1948 年 11 月10 日生效。中国于 1980 年 9 月 24 日起成为该公约的当事国。

1983 年 12 月 1 日，《保护迁徙野生动物物种公约》（又称《波恩公约》）生效，其是为保护通过国家管辖边界以外的野生动物中的迁徙物种而订立的国际公约，目标在于保护陆地、海洋和空中的迁徙物种的活动空间范围。

（4）关于遗传多样性保护的条约。

2001 年 11 月，联合国粮食及农业组织在第 31 次会议上批准了《粮食和农业植物遗传资源国际条约》。该条约于 2004 年 6 月 30 日正式生效。《粮食和农业植物遗传资源国际条约》的宗旨与《生物多样性公约》相一致，即保存和可持续利用粮食和农业植物遗传资源，并公平合理地分享利用这些资源而产生的利益。

2. 开展国际合作，制定双边协定

中国和日本政府为了保护和管理候鸟及其栖息环境，于 1981 年 3 月 3 日签订了《中华人民共和国政府和日本国政府保护候鸟及其栖息环境的协定》。该协定于 1981 年 6 月 8 日生效。

1986 年 10 月 20 日，《中华人民共和国政府和澳大利亚政府保护候鸟及其栖息环境的协定》在堪培拉签订。该协定用于保护迁徙于中华人民共和国和澳大利亚之间并栖息于两国的候鸟，是两国在保护候鸟及其栖息环境方面进行的合作。

3. 制定生物多样性国家政策

中国的生物多样性国家政策由综合性生物多样性政策和专项生物多样性政策组成。综合性生物多样性政策是国务院或其他相关职能部门着眼于长远和全局考虑，在较长时间内针对生物多样性保护和可持续利用而进行的战略部署和整体规划；专项生物多样性政策是国务院或其他相关职能部门颁布的针对某一具体领域的生物多样性保护和管理而制定的政策、规划。

20 世纪 90 年代，中国开始了生物多样性保护政策的制定。1994 年 6 月，经国务院环境保护委员会同意，国家环境保护局会同相关部门发布了《中国生物多样性保护行动计划》，确定了 7 大行动目标，26 项优先行动。该行动计划的实施有力地促进了中国生物多样性保护工作的开展，是中国政府履行联合国

---

① 郑北鹰. 中国当选濒危野生动植物种国际贸易公约亚洲地区代表［EB/OL］.（2004-11-22）［2019-11-30］. http://www.gmw.cn/olgmrb/2004-11/22/content-135780.htm.

《生物多样性公约》的重要内容。彼时，中国的生物多样性国家政策形成了以《中国生物多样性保护行动计划》为代表的综合性政策，另外包括森林、农业、海洋及海岸、湿地、草原、荒漠等生态系统专项政策，以及其他领域的生物多样性保护规划。中国的生物多样性国家政策的形式主要为计划、通知和办法①等，国家政策的制定和发布机构一般为国务院、生态环境部及农业、林业、水利、建设等与生物多样性保护工作相关的政府部门。

尽管如此，中国生物多样性下降的总体趋势尚未得到有效遏制。为了进一步加强中国的生物多样性管理工作，有效应对生物多样性保护面临的新问题和新挑战，2010年9月，中国环境保护部会同20多个部门和单位发布了《中国生物多样性保护战略与行动计划（2011—2030年）》，提出了中国未来30年生物多样性保护的总体目标、战略任务和优先行动。为全面达成社会主义现代化强国的生态文明建设目标和全球生物多样性保护2050年目标，中国将继续履行《生物多样性公约》，并引领全球生物多样性保护行动②。

4. 划定专门区域保护生物多样性

国家以法律法规划出一定的区域范围禁止人为破坏，以此来保护其中的物种和生态环境。设立自然保护区、森林公园等，对生物多样性进行就地保护，是生物多样性保护的传统模式。中国设立了35个生物多样性优先保护区域，其中包括32个内陆生态系统保护区域和3个海洋生态系统保护区域。内陆生态系统保护区域总面积达232.14万平方公里，约占国土总面积的24%。截至2015年底，中国已经建立了各级自然保护区3381个③；截至2019年2月，中国建成国家级森林公园897处④。

---

① 目前中国制定的生物多样性管理规定、办法主要有《森林和野生动物类型自然保护区管理办法》《中华人民共和国水生动植物自然保护区管理办法》《海洋自然保护区管理办法》《中华人民共和国森林公园管理办法》《占用征用林地审核审批管理办法》《森林植被恢复费征收使用管理暂行办法》《沿海国家特殊保护林带管理规定》《国家重点保护野生动物驯养繁殖许可证管理办法》《中华人民共和国植物新品种保护条例实施细则（林业部分）》《鸟类环志管理办法（试行）》《林业行政执法监督办法》《林业行政执法证件管理办法》《林业行政处罚程序规定》《林业行政处罚听证规则》《林业工作站管理办法》等。

② 任海，郭兆晖. 中国生物多样性保护的进展及展望［J］. 生态科学，2021，40（3）：247-252.

③ 中华人民共和国生态环境部. 全国自然保护区名录［EB/OL］.（2016-05-12）［2019-11-30］. http://www.mee.gov.cn/stbh/zrbhq/qgzrbhqml/.

④ 我国新增11处国家森林公园　目前总数量达897处［EB/OL］.（2019-02-13）［2019-11-30］. http://finance.people.com.cn/n1/2019/0213/c1004-30642222.html.

1.1.2　中国生物多样性保护公众参与的政策现状

1.1.2.1　生物多样性保护公众参与的国际政策

中国于1993年加入《生物多样性公约》，是加入《生物多样性公约》最早的成员国之一。在《生物多样性公约》的框架下，一系列关于生物多样性保护的国际政策和文件形成。

2000年5月，于肯尼亚内罗毕召开的《生物多样性公约》第五次缔约方大会通过第V/6号决定《生态系统方式》，以此作为公约的重要实施框架。其中明确指出，生态管理要求所有相关的社会部门和科学部门参与，公众参与是《生物多样性公约》的基本原则之一。

《生物多样性公约》的《卡塔赫纳生物安全议定书》第23条指出，公众意识、教育和参与是有效实施议定书的根本要素。对于公众来说，知道和理解与改性活生物体相关的问题和流程、能够访问相关信息以作出知情选择和行动，以及能够有效地参与决策流程都十分重要。同样，公众参与决策流程对于促进透明度和问责制，以及加强公众对改性活生物体相关决定的支持至关重要。

《粮食和农业植物遗传资源国际条约》建立了资源获取和利益分享的多边系统，鼓励自然人或法人把他们实际控制的遗传资源放进多边系统，为公众参与遗传多样性的保护提供了途径和平台。

2010年，日本名古屋达成了《〈生物多样性公约〉关于获取遗传资源和公正公平分享其利用所产生的惠益的名古屋议定书》（简称《名古屋议定书》），制订了2011—2020年的生物多样性保护框架，明确了20个生物多样性目标——爱知县生物多样性目标（Aichi Biodiversity Targets）。《名古屋议定书》指出，公众对生态系统和生物多样性价值的认识，以及与生物多样性的监管人公正公平地分享这种经济价值，是保护生物多样性和可持续利用其组成部分的关键性激励因素。《名古屋议定书》同样也强调了当地居民和社区，尤其是妇女参与所有层次的生物多样性保护政策的制定和执行的必要性。

《名古屋议定书》第7条："各缔约方应根据国内法酌情采取措施，以期确保获取由土著和地方社区所持有的与遗传资源相关的传统知识，得到了这些土著和地方社区的事先知情同意或核准和参与，并订立了共同商定条件。"

第11条："在不止一个缔约方的领土内就地发现存在相同的遗传资源时，这些缔约方应酌情尽力合作，在适用的情况下由有关土著和地方社区的参与，以期执行本议定书。""在与遗传资源相关的同一传统知识由几个缔约方的一个或一个以上土著和地方社区共同拥有时，这些缔约方应酌情尽力在有关土著和地方社区的参与下进行合作，以期落实本议定书的目标。"

第12条："缔约方应在相关土著和地方社区的有效参与下，……公正和公平分享利用此种知识所产生惠益的措施。"

第21条："(b) 土著和地方社区以及利益攸关方会议；(c) 为土著和地方社区以及相关利益攸关方建护服务平台；…… (e) 同土著和地方社区以及相关利益攸关方协商宣传自愿性行为守则、准则和最佳做法和/或标准；…… (h) 让土著和地方社区以及相关利益攸关方参与本议定书的执行；(i) 提高对土著和地方社区规约和程序的认识。"

以上条款强调了公众参与遗传多样性保护的重要性，并且对地方社区的参与和具体参与程序作了说明。

1.1.2.2　生物多样性保护公众参与的国家政策

中国履行《生物多样性公约》工作协调组是中国生物多样性管理的协调机构。2003年，按照国务院专题协调会议意见，由国家环保总局牵头，建立了由发展改革委、教育部、科技部、财政部、建设部、中国科学院等17个部门组成的生物物种资源保护部际联席会议，并且成立了国家生物物种资源保护专家委员会。联席会议制度是中国建立的跨部门协调机制。

公众参与在中国环境政策领域具备坚实的法律基础。《中华人民共和国环境保护法》(以下简称《环境保护法》) 将公众参与作为基本原则之一，并且于2015年9月1日开始施行与之配套的《环境保护公众参与办法》(简称《办法》)。《办法》的起草过程充分听取了社会各界包括专业人士和普通公众的意见和建议，从制定开始就贯彻公众参与、民主决策的原则。《办法》明确了公众的知情权、参与权、监督权和诉讼权，规定了公众参与的方式 (包括征求意见，问卷调查和召开座谈会、专家论证会、听证会等)。《办法》的实施有利于切实保障公民、法人和其他组织获取环境信息、参与和监督环境保护的权利，畅通参与渠道，促进环境保护公众参与依法有序发展。

在生物多样性保护相关国家政策中，对公众参与作了相应的规定。《中国生物多样性保护战略与行动计划 (2011—2030年)》明确指出，公众参与是生物多样性保护的基本原则；要加强生物多样性保护宣传教育，积极引导社会团体和基层群众广泛参与，强化信息公开和舆论监督，建立全社会共同参与生物多样性保护的有效机制；并将公众参与作为中国生物多样性保护领域的战略任务之一。

1.1.3　生物多样性保护公众参与机制的研究进展

1.1.3.1　国外研究进展

国外对生物多样性保护公众参与机制的研究大致经历了公众参与理念的形

成、公众参与实证研究的初始和发展三个阶段。

1. 第一阶段：公众参与理念的形成阶段

公众参与管理的模式最早出现在企业管理的行为科学领域。20 世纪五六十年代，行为科学领域的研究者提出员工参与式管理（Participative Management），并将其运用在企业内部的小规模组织领域，期望通过员工参与管理的方法激励企业员工，提高企业员工的决策接受度并向其灌输组织目标。自此，相应的模式选择研究不断出现。1973 年，Victor Vroom 和 Philip Yetton 提出了 Vroom-Yetton 模型，为之后公众参与模式的研究奠定了基础。Sample（1993）应用该模型讨论了公众参与模式在自然资源管理决策领域的应用条件和选择程序[①]。Daniel（1996）等运用该模型分析了生态系统基础的管理和决策中的公众参与效果[②]。

与此同时，公众参与的思想被引入环境问题的解决过程当中，并作为基本原则写入国际和许多国家的法律法规。早期公众参与环境管理主要表现在环境影响评价领域，之后公众参与在环境领域的研究不断拓展。最具代表性的是《生物多样性公约》的签订。公约指出："认识到许多体现传统生活方式的土著和地方社区同生物资源有着密切和传统的依存关系，应公平分享从利用与保护生物资源及持久使用其组成部分有关的传统知识、创新和作法而产生的惠益，并认识到妇女在保护和持久使用生物多样性中发挥的极其重要作用，并确认妇女必须充分参与保护生物多样性的各级政策的制订和执行……"

公约确认对生物多样性的保护是全人类共同关切的事项，为公众参与生物多样性保护提供了法律依据。

总之，这一阶段主要的研究思想是将公众参与管理的模式和公众参与的理念引入环境管理，无论学者从哪种角度出发，采用哪个国家的案例分析，目的都是积极呼吁和支持公众参与的环境管理模式，并强调公众的广泛参与才是解决环境问题的最有效途径。这一阶段的研究多以理论研究为主，也有少量的案例分析，更多的是提出这种新的理论观点，引导环境管理的实践活动，并争取得到政府的认可。

---

① Sample V A. A framework for public participation in natural resource decision making [J]. Journal of Forestry，1993，91（7）：22-27.

② Daniel S E，Lawrence R L，Alig R J. Decision-making and ecosystem-based management：applying the Vroom-Yetton model to public participation strategy [J]. Environmental Impact Assessment Review，1996，16（1）：13-30.

2. 第二阶段：公众参与实证研究的初始阶段

公众参与环境管理的模式获得了广泛的支持和认可，因此，参与式的实践活动在环境领域中得到了积极开展。基于大量实践的积累，这一阶段的研究多采用实证和案例分析的方法，主要是对参与过程的评价研究，包括评价指标的设计、参与过程的公平性、案例的分析等。在生物多样性管理领域，主要有公众参与生态系统多样性管理的研究、公众参与物种多样性保护的研究、公众参与和环保意识的一般性研究三个方面。

公众参与生态系统多样性管理的研究，主要集中在森林资源和水资源的管理上。Webler（2000）依据公众参与交往行动理论，对森林管理决策过程的公众参与进行了评价，并推理得出参与过程的判断标准①。Margaret（1999）提出正式的磋商会议、公众介入和有效的公众参与是水资源参与式管理的三种模式，有效的公众参与是水资源可持续利用的解决方案②。Dungumaro（2003）对坦桑尼亚的综合水资源战略管理的公众参与案例进行了研究，指出公众参与是水资源管理的必要手段和方法③。Bennett（2014）研究了泰国海洋自然保护区对当地居民的影响，利用公众参与的调查方法研究了自然保护区居民因保护生物多样性的得失及其对保护区的认识和态度④。

关于公众参与物种多样性保护的研究，主要集中在公众参与野生动物保护上。Lauber 和 Knuth（1999）研究了有关麋鹿管理的案例，提出公众参与公平性的衡量标准。他们采用文件分析、结构访谈、问卷调查的公众参与方法，提出了公众参与过程公平性的四项判断标准，分别是公民介入量、公民对决策的影响力、政府的科学知识水平和道德标准及政府与公民之间的关系⑤。

关于公众参与和环保意识的一般性研究，Brent（1996）利用美国国家公众环境态度和行为研究数据，检验了环境意识和个体环保行为之间的关系。研

---

① Webler T，Tuler S. Fairness and competence in citizen participation：theoretical reflections from a case study [J]. Administration & Society，2000，32（5）：566-595.

② Margaret A H. Citizen participation in water management [J]. Water science and technology，1999，40（10）：125-130.

③ Dungumaro E W，Madulu N F. Public participation in integrated water resources management：the case of Tanzania [J]. Physics and Chemistry of the Earth，Parts A/B/C，2003，28（20-27）：1009-1014.

④ Bennett N J，Dearden P. Why local people do not support conservation：community perceptions of marine protected area livelihood impacts，governance and management in Thailand [J]. Marine Policy，2014（44）：107-116.

⑤ Lauber T B，Knuth B A. Measuring fairness in citizen participation：a case study of moose management [J]. Society and Natural Resources，1999，12（1）：19-37.

究发现，女性比男性更趋向于参与环境保护，而且这种差异在年长者中表现得更为明显①。Luca 和 Jane（2000）对意大利的环境影响评价中的公众参与效果和实践进行了研究。该研究构建了评价参与效果的系列指标，指出广泛的参与机会可以提高公众参与制度的有效性②。

3. 第三阶段：公众参与实证研究的发展阶段

经过第二阶段的实证研究，学者们重新对“参与式”的理念进行了反思，将研究重点转移到讨论公众参与对决策效果的影响上③，进一步推动了公众参与机制的发展。通过一系列评价结果和经案例分析得出的结论，学者们对这种参与式的理念进行了反思，他们不仅仅研究了参与的过程和参与的公平性，更多的是重新思考了如何在环境决策中引入参与的理念，使环境政策获得最优效果。

Depoe 等（2011）在 *Communication and Public Participation in Environmental Decision Making* 一书中详细分析了公众参与的主体：对环境问题感兴趣的公民，如普通居民和一些社会利益集团；政府机关人员，如参与环境决策的联邦政府官员；行业代表，如科学工作人员和技术专家。并且通过大量案例研究了上述公众参与主体对决策的影响，提出信息交流在公众参与过程中的重要作用，可以直接影响环境政策的效果④。

1.1.3.2　国内研究进展

国内对生物多样性保护公众参与机制的研究主要包括明确公众参与的合法性、公众参与方法的探讨和公众参与实证研究三个方面。

1. 明确公众参与的合法性

中国学者对于公众参与生物多样性保护的研究，大量集中在呼吁将公众参与运用到环境管理中，并通过法律法规明确公众参与的合法性。陈焕章（1997）提出的政府干预和公众参与相结合的原则是环境管理组织实施的基本原则之一。人类的环境意识或环境文化是文化价值的选择，普及环境意识，引

---

① Brent S S. Thinking globally and acting locally: environmental attitudes, behaviour and activism [J]. Journal of Environmental Management, 1996, 47 (1): 27-36.

② Luca D F, Jane Wallace-Jones. The effectiveness of provisions and quality of practices concerning public participation in EIA in Italy [J]. Environmental Impact Assessment review, 2000, 20 (4): 457-479.

③ Green A J. Public participation and environmental policy outcomes [J]. Canadian Public Policy, 1997, 4: 435-448.

④ Depoe S P, Delicath J W, Elsenbeer M F A. Communication and Public Participation in Environmental Decision Making [M]. New York: State of University of New York Press, 2011.

导人们自觉支持和维护有关保护环境的政策、法律，唤起人们关心社会公共利益与长远利益，把环境管理方面的要求变成人们自觉遵守的道德规范，是实施环境管理的基础[①]。《中华人民共和国宪法》（以下简称《宪法》）明确规定："人民依照法律规定，通过各种途径和形式，管理国家事务，管理经济和文化事业，管理社会事务。"《环境保护法》将公众参与作为环境保护的基本原则。蔡守秋（2009）认为，公众参与是生态学基于环境民主原则的具体表现形式[②]。

在明确了公众参与合法性的基础上，进一步制定公众参与的指导性规则和标准，如《环境影响评价公众参与暂行办法》《环境保护公众参与办法》《环境影响评价技术导则 公众参与》等文件。

2. 公众参与方法的探讨

在国家相关法律法规和政策的引导下，学者对公众参与环境保护开展了一系列研究。早期的研究成果集中在对公众参与环境领域的基本认识上，研究方法多采用规范性研究。杨贤智、李景锟（1990）提出公众参与在环境监督检查中的重要作用[③]。叶文虎、栾胜基（1994）分析了将公众参与运用于环境评价中的利弊，指出公众参与具有传递信息和化解不安情绪的作用，但会增加项目费用[④]。

进入21世纪以来，环境问题成为全社会关注的焦点，很多学者对公众参与领域的研究更加积极，开始了有关公众参与过程的研究。马晓明（2003）从博弈论角度阐明了公众意识、环境产权不确定性、信息非对称性对环境决策的影响，指出政府、企业、公众三方在博弈中走向合作是中国环境管理必不可少的重要一环[⑤]。许晓明（2004）运用成本效用原则构建了公众参与效用函数，认为政府应该采取措施增加群众的参与效用，同时降低参与成本，才能提高公众参与的积极性[⑥]。昌敦虎等（2004）指出，解决环境问题需重视环境问题的社会性，强调公众参与解决环境问题的必要性和重要性；同时指出，应当运用学科交叉的方法，实施广泛有效的公众参与，以解决人类社会系统与自然环境

① 陈焕章. 实用环境管理学［M］. 武汉：武汉大学出版社，1997.

② 蔡守秋. 环境政策学［M］. 北京：科学出版社，2009.

③ 杨贤智，李景锟. 环境管理学［M］. 北京：高等教育出版社，1990.

④ 叶文虎，栾胜基. 环境质量评价学［M］. 北京：高等教育出版社，1994.

⑤ 马晓明. 三方博弈与环境制度［D］. 北京：北京大学，2003.

⑥ 许晓明. 环境领域中公众参与行为的经济分析［J］. 中国人口·资源与环境，2004，14（1）：127-128.

系统在互动过程中产生的各种问题[①]。

可见，中国早期的生物多样性保护公众参与机制研究主要停留在被动参与的起步阶段，各方对于公众参与的必要性达成共识。尤其是1992年的联合国环境与发展会议之后，在国内外对环境问题的广泛关注下，国内生物多样性保护公众参与机制被广泛认可，但尚未涉及公众参与机制的过程研究和实证研究。

3. 公众参与实证研究

在理论研究的基础上，实证研究进一步开展起来，包括大量的公众环境意识研究、生物多样性保护公众参与的主体研究及具体环境问题的公众参与机制研究。

（1）关于公众环境意识的研究。

于1999年出版的《全国公众环境意识调查报告》，对中国公众环境意识和参与意识作了基本判断和分析，其分析结果显示中国公众参与环境保护的水平较低，受教育程度偏低是导致公众参与环境保护行为层次较低的根本原因。但新的环境价值观已经在中国公众的头脑中萌芽，并在个人的环保参与行为上有所体现[②]。张世秋等（2000）根据对中国6个中小城市所做的妇女的环境意识与消费选择的问卷调查，分析了小城市妇女对环境保护的知晓程度、对环境问题的认知水平、环境保护意识现状及妇女的环境消费情况[③]。陶文娣等（2004）对北京市大学生的环境意识作了调查和现状分析[④]。王向东、袁孝亭（2005）对西部农村地区人们的环境意识进行了问卷调查，发现公众环境意识受到地区、文化程度、民族、职业、性别、收入和年龄等样本个性差异的影响，指出环境教育对于公众环境意识提高的重要性[⑤]。2013年《WTO经济导刊》杂志社就公众对生物多样性议题认知情况展开问卷调查，以期通过此调查了解公众对生物多样性议题的态度、认知水平和实践概况。最终共收回87份有效问卷，结果显示，公众对生物多样性的认知水平较低，生物多样性认知水

① 昌敦虎，安海蓉，王鑫. 环境问题的复杂性与公众参与行为扩展［J］. 中国人口·资源与环境，2004，14（4）：131-133.

② 国家环保总局，教育部. 全国公众环境意识调查报告［M］. 北京：中国环境科学出版社，1999.

③ 张世秋，胡敏，胡守丽. 中国小城市妇女的环境意识与消费选择［J］. 中国软科学，2000（5）：12-16.

④ 陶文娣，王会，王瑾芳，等. 北京市大学生环境意识调查与分析［J］. 中国人口·资源与环境，2004（1）：130.

⑤ 王向东，袁孝亭. 西部农村公众环境意识调查与环境教育刍议［J］. 环境教育，2005（5）：45-46.

平不受地域、教育背景、年龄限制；公众认知生物多样性议题的渠道单一，愿意在生活中开展生物多样性保护行动，并期待企业参与生物多样性的保护①。

（2）关于生物多样性保护公众参与的主体研究。

在对国内的生物多样性保护公众参与的主体研究中，专家学者、非政府组织、当地居民、管理部门的共同参与是普遍倡导的模式。海洋生物多样性保护领域的公众参与不足，多数情况下公众仍然扮演着“遵照执行”者的角色。大部分人认为，涉海规划和管理活动是各级政府的事情，自己只是这些活动的被动受体而已。海洋生物多样性保护离不开不同学科、不同部门和利益相关者的共同参与②。在澜沧江—湄公河次区域生物多样性保护研究中，学者指出，应设立公众参与制度，并提出当地少数民族和环保组织是公众参与的重要成员③。邓一荣等（2014）以期利用社区参与和非政府组织参与的方式促进城市生物多样性的保护，并将其运用在岭南生态社区的绿地生物多样性提升规划设计中④。程六寿（2009）讨论了菜子湖湿地生物多样性保护项目，指出只有专家学者、非政府组织、当地民众共同参与菜子湖生态环境的保护，才能促进该区域生物多样性的可持续发展⑤。周国模、沈月琴（1998）认为，建立自然保护区、物种资源基因库的传统生物多样性保护形式有其局限性，公众参与是实现山区资源、经济和环境可持续发展的成功之路；并以浙江省临安县为例，分析了参与生物多样性保护和利用的特征与方式，提出了政府、科技、群众共同参与生物多样性保护的模式⑥。这些研究涉及海洋生物多样性、次区域的流域生物多样性、城市生物多样性、湿地生物多样性及自然保护区的保护，广泛提到了公众参与机制对生物多样性保护的重要性。

（3）具体环境问题的公众参与机制研究。

刘敏（2012）从公众参与法治机制、回应机制和教育机制三个方面研究了建筑遗产保护的公众参与机制，特别研究了企业参与建筑遗产保护的可行

---

① 赵丽芳. 公众对生物多样性认知情况调查 [J]. WTO经济导刊，2013（8）：33-34.

② 彭欣，杨建毅，陈少波，等. 基于海洋渔业生存发展的生物多样性保护对策研究——以浙江省为例 [J]. 浙江农业学报，2012，24（1）：41-47.

③ 杨振发. 澜沧江—湄公河次区域生物多样性保护的法律合作机制 [J]. 云南环境科学，2004，23（3）：32-35.

④ 邓一荣，肖荣波，周健，等. 岭南生态社区的绿地生物多样性提升规划设计 [J]. 南方建筑，2014（6）：110-115.

⑤ 程六寿. 论政策和公众参与在菜子湖湿地生态恢复中的作用 [J]. 安徽林业科技，2009（4）：37-38.

⑥ 周国模，沈月琴. 参与性生物多样性保护和利用 [J]. 生态经济，1998（3）：28-31.

性[①]。石峡（2015）研究了土地整治的公众参与机制，指出农民是土地整治公众参与的主体，农民的参与行为受农民需求、行为态度、主观规范和直觉行为四个因素的影响[②]。王京传（2013）从参与选择、参与过程、参与结果三个方面研究了旅游目的地治理中的公众参与的实现机制[③]。这些公众参与机制研究都具备的特点：第一，运用了跨学科的研究方法。这些公众参与机制研究都涉及经济学、社会学、管理学、行为科学、法学等学科领域，并与具体运用领域涉及的学科交叉。第二，对参与主体进行了研究。参与主体包括普通居民、科研机构和非政府组织，其中少数民族和非政府组织是参与过程中被关注的重点。第三，社区参与和非政府组织参与是重要的参与模式。

综上所述，国内对于生物多样性保护公众参与机制的研究尚处于起步阶段，明确了公众参与在生物多样性保护领域的基础地位，并展开了少量生物多样性保护公众参与方法的实证研究。在已有的文献记录中，社区居民、政府相关管理部门、科研机构、非政府组织、企业等相关利益群体是学者们普遍认可的参与主体，但缺乏对生物多样性保护公众参与主体和客体的具体研究。目前，国内对于公众参与方法的实践研究还比较少，尚缺乏对于生物多样性保护公众参与机制的系统性研究。

1.2 选题依据、研究内容和研究方法

1.2.1 选题依据

本书提出选题的依据主要有以下三个方面：

第一，中国生物多样性保护工作面临着自然资源保护和人类福祉的双重任务。

全球有13％的陆地面积被森林覆盖，森林资源主要分布在山区，这些区域都是生物多样性保护的重点区域。中国是世界上12个生物多样性高度丰富的国家之一[④]，又是一个多山的国家，山区面积占国土总面积的2/3。全国林业面积的90％、林木蓄积的80％都集中在山区[⑤]，因此，山区一直被认为是中国生物多样性保护的重要场所。目前，充分利用山区的自然资源，促进山区

---

① 刘敏. 天津建筑遗产保护公众参与机制与实践研究［D］. 天津：天津大学，2012.

② 石峡. 土地整治公众参与机制研究［D］. 北京：中国农业大学，2015.

③ 王京传. 旅游目的地治理中的公众参与机制研究［D］. 天津：南开大学，2013.

④ 张维平. 生物高度多样性国家简介［J］. 植物杂志，1992（4）：2-4.

⑤ 中华人民共和国林业部. 中国21世纪议程林业行动计划［M］. 北京：中国林业出版社，1995.

的经济发展，提高山区人民的生活水平，是中国面临的一个紧迫而重要的任务。

生物多样性保护与人类福祉相联系，是国际生物多样性保护的理念和趋势[①]。因此，制定政策时应对这些理念进行借鉴和体现。要将以孤立的生态要素为核心的政策模式，转向以人类和自然生态系统综合管理的模式[②]。

第二，公众参与是协调自然资源保护和人类福祉的必要途径。

一方面，中国大部分区域面临着生物多样性锐减和人民生活贫困的境况[③]。要想在维持生物多样性的同时满足人民的需求，必须依赖于公众的积极支持。能否得到公众的支持是政策能否成功实施的基础，公众的态度很大程度上受当地社区和管理者的影响[④]。另一方面，生物多样性保护是一项公益事业，属于全民事业，需要全社会的共同参与才能促进生物多样性的可持续发展。

第三，国内关于生物多样性保护的公众参与机制的研究尚存不足。

目前，国内仅对生物多样性保护领域的公众参与作了少量实证性研究，尚缺乏对生物多样性保护领域公众参与机制的专门研究。生物多样性保护和人类福祉是国际生物多样性保护的新趋势，将生物多样性保护和人类福祉的关系体现到国家政策当中，是中国面临的一项重要任务。探讨公众参与机制对于生物多样性保护和人民脱贫致富来说具有重要意义，有利于实现生物多样性保护和人民脱贫致富，同时为完善中国生物多样性保护政策奠定基础。

1.2.2　研究内容和研究方法

1.2.2.1　研究内容

本书首先从中国生物多样性保护公众参与的政策现状及公众参与机制的研究现状出发，从理论和实践两个层面提出研究的价值；对中国生物多样性保护公众参与的理论基础、参与模式、参与主体和参与客体进行阐释，分析中国生物多样性保护公众参与机制的概念和内涵；从法治机制、方法培训机制、公众

---

① Pimm L S. What is biodiversity conservation? [J]. Ambio，2021 (50)：976-980.

② 张风春. 国家治理体系和治理能力现代化总目标下的生态多样性保护对策 [J]. 环境与可持续发展，2020 (2)：22-27.

③ Sachs J D，Baillie J E M，Sutherland W J，et al. Biodiversity conservation and the millennium development goals [J]. Science (New York)，2009，325 (5947)：1502-1503.

④ Nathan J B，Philip D. Why local people do not support conservation：community perceptions of marine protected area livelihood impacts，governance and management in Thailand [J]. Marine Policy，2014 (44)：107-116.

科学机制和协议保护机制四个方面论述中国生物多样性保护公众参与机制的实现。

然后在理论研究的基础上，分析目前生物多样性保护领域的公众参与案例，并将参与式工具和方法运用到实践中。进一步选取位于四川省生物多样性保护优先区域内的平武县、北川县、汶川县、理县四个地区，对其中的普通公众和政府人员展开问卷调查，并应用本书理论研究部分提出的参与主体和参与客体及具体的公众参与实现机制，结合调研结论提出公众参与机制的有效实施建议。

本书分理论篇和实证研究篇两个部分。

上篇为理论篇，共包括三章。具体章节安排：第1章为概论，概述了中国生物多样性保护、公众参与的政策现状，分析了生物多样性保护公众参与机制的国内外研究进展；第2章为生物多样性保护公众参与机制的理论基础，介绍了公众参与的含义、相关理论及模式，阐释了生物多样性保护公众参与的相关概念，明确了生物多样性保护公众参与的主体和客体；第3章为生物多样性保护公众参与机制的构建，从生物多样性保护公众参与的法治机制、方法培训机制、公众科学机制及协议保护机制四个方面，构建了生物多样性保护的公众参与机制。

下篇为实证研究篇，共包括两章。第4章为生物多样性保护公众参与案例解析及参与式工具和方法的实践研究；第5章为生物多样性保护公众参与机制的实践研究，选取了生物多样性保护优先区域的四个县作为案例，以实地调研为基础，探索中国生物多样性保护公众参与的现状，提出了推动当地生物多样性保护公众参与机制有效实施的途径。

1.2.2.2 *研究方法*

本书研究涉及生态学、法学、社会学、管理学等多学科内容，运用了演绎推理和归纳总结、理论研究和实践相结合、政策分析和典型调研相结合的原则，遵循了“理论→实践”的研究方法和思路，采取了“公众参与理论研究→公众参与机制研究→公众参与案例研究”的技术路线。

具体研究方法为：

理论分析法：公众参与涉及政治、经济、文化、管理及法律等多方面的内容，需要对多学科的理论知识及研究方法进行系统运用。在系统收集和整理与公众参与相关的政府文件、法律法规、学术研究成果、媒体信息等文献资料的基础上，界定生物多样性保护公众参与的相关概念，并构建生物多样性保护公众参与机制的框架。

案例分析法：通过对公众参与生物多样性保护的典型案例加以分析，发现问题，并提出建议。

实证研究法：对参与主体进行问卷调查和采访，召开座谈会、小组讨论会等；到生物多样性保护区域进行深入考察，获取一手资料。

计量统计分析法：运用计量的方法对问卷调查所取得的数据进行统计与分析。具体来说，本书利用 SPSS 19.0 软件对问卷调查数据进行统计和分析，以此了解政府人员和其他利益相关者对生物多样性保护公共事务的认知，以及各参与主体对公众参与法治机制、方法培训机制、公众科学机制及协议保护机制的认知，并据此提出推动生物多样性保护公众参与机制有效实施的相关建议。

第 2 章　生物多样性保护公众参与机制的理论基础

2.1　公众参与的含义、相关理论及模式

2.1.1　公众参与的含义

公众参与的理念由来已久，国内外学者在对各种领域的公众参与活动进行深入研究的基础上，形成了与各个领域特点相关的公众参与的定义。较早应用公众参与理念的领域是公共决策领域、城市规划与管理领域及环境管理领域。

公共决策领域提出，公众要参与到政策及公共决策的制定过程中，充分表达自己的意见，形成合意，以此对公共决策产生影响①。该领域对公众参与的理解分为广义和狭义两个层面：狭义的公众参与，多使用“公民参与”的说法，强调参与权是公民权的一部分，参与者仅指个体公民；广义的公众参与，则使用“公众参与”或“公民参与”的说法，主张一切非政府的公民和团体均可参与，即公民、利益相关者、专家、私营部门及其人员等都是参与者。

城市规划中的公众参与强调市民和利益相关者的参与，要让市民和受到规划影响者都参与到规划过程中，并在规划中尽可能体现他们的意见与要求；公众要参与到城市规划的开始阶段和执行阶段，并且要实现主动性参与和实质性参与②。针对公众参与城市管理，国内外提出了城市治理的理念，主张参与式城市治理，从而实现以利益相关者为核心的公众参与及其与政府之间的合作。

将公众参与理念用于环境管理领域，在国际上形成于 20 世纪 70 年代，于 20 世纪 90 年代传入中国，并逐步兴起。国内学者普遍认为，公众参与是指公

---

① 石路．政府公共决策与公民参与［M］．北京：社会科学文献出版社，2009：19.

② 蔡定剑．欧洲公众参与的理论与实践——从城市规划的视角［M］//蔡定剑．公众参与——欧洲的制度和经验．北京：法律出版社，2009：8-12.

众通过直接参与同政府或其他公共机构的互动，决定公共事务和参与公共治理的过程①。公众参与是生态学领域研究环境政策的基本原则，也是基于环境权利、环境民主原则形成的方法之一②。公众参与是各利益群体通过一定的社会机制，使公众尤其是利益相关者能够真正介入决策制定的整个过程，以实现资源的公平配置和有效管理③。1993年，国家环境保护总局、国家发展和改革委员会、财政部、中国人民银行联合发布了《关于加强国际金融组织贷款建设项目环境影响评价管理工作的通知》，首次以文件的形式明确规定"公众参与是环境影响评价的重要组成部分"。目前，公众参与作为中国环境保护的基本原则，被写入《环境保护法》和其他一系列相关法律法规中。

2.1.2 公众参与的相关理论

2.1.2.1 社会冲突理论

通常情况下，冲突意指互不相容的对立双方在利益、行为等方面的相互对抗和干扰。现代社会中，由于不同国家的历史发展、传统文化、经济状况及社会意识形态的不同，冲突被赋予了一定的政治内涵，从而使越来越多的学者开始注意冲突的衍生过程和发展规律。其中，科塞对冲突提出了最为经典的定义，他认为冲突是价值观、信仰及对于稀缺的地位、权利和资源的分配上的争斗④。社会冲突理论作为西方社会学研究中非常重要的研究工具和理论内容，在西方集群运动研究中发挥过巨大的作用。社会冲突理论起源于马克思对社会物质稀缺性的阐述。马克思认为资源的稀缺和分布不均是导致社会固有冲突的原因，在这种社会固有冲突持续存在的情况下，社会运作机制的不公平是导致社会不平等的关键因素⑤。在一个以资本为本位推动发展的社会中，稀缺的社会资源、简单粗放的经济发展模式及由资本控制的上层建筑运作方式都决定了社会冲突的必然存在。在马克思看来，冲突具有普遍性，是资本主义社会发展的必然结果，因此，有必要寻求社会冲突的发展规律，并采用适当的方式对其加以解决。在《德意志意识形态》一书中，马克思在阐明物质生产在人类历史发展过程中的决定性作用后提出，由生产资料占有及生产力发展而产生的冲突可以通过"革命"的方式来加以解决。

在马克思社会冲突理论的基础上，科塞将其进行了巩固和发扬，并提出由

---

① 朱狄敏．公众参与环境保护：实践探索和路径选择［M］．北京：中国环境科学出版社，2015：1.
② 蔡守秋．环境政策学［M］．北京：科学出版社，2009：193.
③ 王凤．公众参与环保行为机理研究［M］．北京：中国环境科学出版社，2008：35.
④ 王彬彬．浅析科塞的社会冲突理论［J］．辽宁行政学院学报，2006，8（8）：46-47.
⑤ 云立新．论马克思主义社会冲突理论的现实关怀［J］．甘肃社会科学，2011（1）：17-20.

于社会冲突是"关乎根本价值、权力地位及有限资源的争夺"，"而争夺必然伴随对对方的打击与伤害"，因而必须重视对社会冲突的研究，使其尽可能发挥正向作用[①]。现代社会中，通过宽容灵活的社会结构以及由此而生的具有相当包容性的社会关系来解决社会冲突是促进冲突各方相互适应、整合利益失调、推定社会发展的有效方式[②]。这就要求社会各阶层之间相互沟通，有效交流，积极参与社会发展的各个方面，这样反过来又能不断促进社会结构的整合。换句话说，现代民主社会和平发展的特性决定了公众参与在解决社会冲突方面的必要性。在动态的公众参与实践中协调各方利益，从而使政府决策能够满足多样化的价值需求，以此促进民主实践和社会发展，是现代社会不可逆转的发展趋势。

2.1.2.2　阶梯理论

20世纪60年代伊始，随着西方国家民权运动的蓬勃发展，人们开始越来越多地关注公众参与的理论与实践，命令式社会管理开始逐渐向公众参与式社会治理转型。在此过程中，许多学者对公众参与理论的发展作出了贡献，其中尤为值得一提的是谢里·安斯坦于1969年发表的著名论文《市民参与的阶梯》。在这篇论文中，谢里提出了公众参与的八个阶梯（表2－1）：操纵执行、引导执行、提供信息、征询意见、政府退让、合作、代理权利和市民控制。这八个阶梯由浅到深地表明了公众参与的程度，对公众参与的方法和技术产生了巨大影响，为公众参与成为可操作性的技术奠定了基础[③]。中国的国家政策对公众参与的相关规定体现了阶梯理论所产生的参与方法，比如由相关部门告知和发布环境信息，召开听证会、座谈会，实行市民监督举报等。

表2－1　公众参与的八个阶梯[④]

参与方式	梯级	备注
无参与	操纵执行	政府部门制定了相关项目、规划、政策等，所谓参与就是公众接受既定项目、规划、政策等
	引导执行	引导公众的态度和行为，使公众接受规划

① 宋金龙. 论马克思社会冲突理论的时代启示与实践价值［J］. 理论界，2014（12）：24-27.

② 杨保军，陈鹏. 社会冲突理论视角下的规划变革［J］. 城市规划学刊，2015（1）：24-31.

③ 张东向. 管理阶梯理论研究［J］. 金融理论与实践，2012（3）：62-65.

④ Tosun C. Expected nature of community participation in tourism development［J］. Tourism Management，2006，27（2）：493-504.

续表

参与方式	梯级	备注
象征性的参与	提供信息	政府仅提供关于政府计划的信息，未开启真正的参与通道
	征询意见	获取公众的意见，深化公众参与过程，但并不能保证公众的意见得以落实
	政府退让	政府对公众的某些要求予以退让
市民权利	合作	参与者在知情权得到保障的情况下，逐层深入地全程参与相关项目的规划、制定和实施，与政府共同决策
	代理权利	
	市民控制	

2.1.2.3 环境权理论

目前，公众参与环境保护已成为世界范围内的一种潮流，公众参与是环境与资源保护法的基本原则之一。其法理渊源来自环境权的概念。环境权作为一种新的、正在发展中的重要法律权利，既是环境保护法的一个核心问题，也是环境保护立法、执法和诉讼的基础。环境权的主张是在 20 世纪 60 年代初由联邦德国的一位医生首先提出来的。1960 年，这位医生向欧洲人权委员会提出控告，认为向北海倾倒放射性废物的行为违反了《欧洲人权公约》中保障清洁卫生环境的规定，从而引发了是否要把环境权追加进欧洲人权清单的大讨论。同年，美国也掀起了一场举世瞩目的争论，即公民要求在良好的环境中生活的宪法根据是什么？在这场争论中，美国密歇根州立大学的教授约瑟斯・萨克斯以法学中的“共有财产”和“公共委托”理论为根据，提出了系统的环境权理论。随后，日本学者又提出了环境权的两条基本原则，即“环境共有原则”和“环境权为集体性权利的原则”，进一步发展了环境权理论①。

1970 年，日本东京举行了有 13 个国家参加的“公害问题国际座谈会”，会后发表的《东京宣言》第 5 项指出：“我们请求，把每个人享有其健康和福利等要素不受侵害的环境的权利和当代人传给后代的遗产应是一种富有自然美的自然资源的权利，作为一种基本人权，在法律体系中确定下来。”日本学者提出“环境权”，主张每个人能够在清洁的空气、水，天然的风景，安静的环

① 徐标．环境权解析［J］．黑龙江对外经贸，2009（9）：75-76，127.

境环绕之下健康而安全地生活[①]。

目前，越来越多的国家将环境保护纳入宪法，对环境权作了不同程度的政策性宣告，例如于1980年通过的《智利共和国政治宪法》第19条规定，“所有的人都有权生活在一个无污染的环境中”，“国家有义务监督、保护这些权利，保护自然”。于1992年通过的《刚果宪法》第46条规定：“每个公民都有拥有一个满意和持续健康的环境的权利，并有保护环境的义务。国家应监督人们保护和保持环境。”此外，于1992年通过的《马里宪法》、1994年通过的《阿根廷宪法》等均对公众的基本环境权利和义务作了类似的宣告，与此同时，这些国家还制定了多层次、内容丰富的环境法律法规，确立了一些司法判例来具体保障落实这些基本权利和义务。

环境权得到国际上的首次承认，是在1972年6月联合国召开的人类环境会议上，会议通过了《联合国人类环境会议的宣言》(《斯德哥尔摩宣言》)。该宣言宣布：“人类具有在一个有尊严和幸福生活的环境里，对自由平等和充足的生活条件的基本权利，各国政府以保护和改善现代人和后代人的环境具有庄严的责任。”欧洲人权委员会经过十多年的讨论，也接受了环境权的主张。1973年，于维也纳欧洲环境部长会议上制定的《欧洲自然资源人权草案》将环境权作为一项新的人权加以肯定，并将其作为《世界人权宣言》的补充。

环境权理论经过多年的发展，在逐步完善的同时，也出现了一些不谐之音。环境权的内涵日渐模糊，不少学者呼吁将环境权的内涵限定为“公民的适宜环境权”。故20世纪90年代后的国际文件一般不再含糊地运用环境权的概念，而是将其细化为公民在环境保护中的各项应有的法律权利。如于1992年召开的联合国环境与发展会议上通过的《里约宣言》，在肯定了以往环境权理论的同时也有一些重大的突破，如规定了公众参与和知情权的原则，明确提出了环境问题最好是在全体有关市民的参与下，在有关级别上加以处理，在国家一级，每个人都可从公共当局获得关于环境及其社区内的危险物质和活动的资料，并有机会参与各项决策进程。各国应广泛提供资料来鼓励公众的认识和参与；应让人人都有效地使用司法和行政程序，包括补偿和救济的程序等[②]。

2.1.2.4 系统理论

如果说前述理论阐释了公众参与的内涵及其参与的程序，系统理论则为公

---

① 王志鑫．生态文明视野下的环境权研究［J］．中南林业科技大学学报（社会科学版），2015，9（6）：97-100，105.

② 季理华，张勇．环境权的概念及其属性［J］．新疆财经学院学报，2004（4）：59-62.

众参与的具体方法的形成提供了基础。自 20 世纪 80 年代以来，系统理论思想作为公众参与的技术方法基础，将公众参与运用到自然资源的管理当中①。系统理论思想是由奥地利生物学家贝塔朗菲在 20 世纪中叶率先提出的，后来经过法国数学家托姆的突变论、德国物理学家哈肯的协同论等理论的不断丰富与完善，形成了一套方法。

常用的公众参与基本技术和方法有如下三种。

1. 小组讨论综合评估法

该方法被用来更好地获得公众的意见，要求参与人能代表广泛的不同的意见，规定召开讨论会的次数和每次讨论会必须满足的时长。讨论会由一个主持人主持，组织参与者对具体的问题进行讨论，并收集关于拟采用政策意见的定性/定量调查结果。参与者会被告知一些来自专家的信息，讨论小组会有一个人做记录，并通过录音和录像等方法记录现场交流情况。小组会议中，可以采用设计参与情景等方式来组织小组讨论，设计参与场景是参与式讨论的重点。比起简单的定量民意调查，小组讨论综合评估能获得更丰富、更有效且与政策密切相关的调查结果。这样不仅可以得到一些表面的肤浅的意见，还可以得到通过讨论产生的集体的反思的结果。

小组讨论综合评估通常在一个时间段内完成，可以达成多个目的。例如，可以产生更好的框架，能通过对利益攸关者的意见调查，更好地认识问题的利害关系、引起问题的原因及其影响以及未来可以采取的行动等，避免形成一些错误的认识和政策假设；可以提高效率、促进公平，尤其是对复杂的不确定问题的处理，可以使处理结果更有效和更公平；能促进知识的融合，优化现有的学习过程，提高对问题复杂性和不确定性的认识，同时缩小现有知识的局限性；可以促进专家和非专家之间的交流，提高学科知识间的融合，使决策过程中用到的知识多样且具有代表性，以成为新的可持续评估的知识基础；同时，可以促进社会学习，为政策制定者、专家和普通公众及利益攸关者提供知识互动交流、学习的机会。

2. 贝叶斯置信网络法

贝叶斯置信网络法以贝叶斯方法为原理，向公众提供知识获取与分享的途径，建立知识交流和分享的框架。贝叶斯置信网络法可促进多渠道公众信息的

① Cain J, Batchelor C, Waughray D. Belief networks: a framework for the participatory development of natural resource management strategies [J]. Environment, Development and Sustainability, 1999 (1): 123-133.

融合①。建立公众互动影响图（Multi-stakeholders Influence Diagram for Sth），鼓励公众表达和讨论对于管理措施及结果的看法，同时了解群体内其他人的看法，实现公众思想的交流。在表达不同观点和看法的同时，公众对整个管理体系有了共同的认识②。同时，通过对专家的意见进行赋值评分，减少问题的不确定性③，为决策提出实时的科学的建议④。

3. 标准和指标法

标准和指标法（C&I 法）可以使当地的利益相关者参与决策过程，是促进公众参与生物多样性保护的基础方法，尤其是促进公众参与森林可持续发展的管理⑤。《气候、社区和生物多样性项目设计标准》（CCB 标准）以及《中国森林多重效益（气候、社区和生物多样性）项目设计标准与指标》（CCCB 标准）都是对标准和指标方法的运用。

2.1.3 公众参与的模式

社会参与在历史上存在共同体参与、自由结社参与和个人参与三种基本模式。共同体参与模式是指社会以统一的价值观念和社会目标把人们联系起来，通过社会劳动、典型示范、说服教育和社会目标以及意识形态的话语霸权强化人们对共同信念的忠诚，从而实现社会认同和社会参与；自由结社参与模式是指人们为了某种共同的目的，不需经政府许可组成一定的社会组织，即非政府组织，并通过组织化的形式表达个人的意愿，维护自己的权利，以满足自身的

---

① Cain J，Batchelor C，Waughray D. Belief networks：a framework for the participatory development of natural resource management strategies [J]. Environment，Development and Sustainability，1999 (1)：123-133.

② Bosch O J H，King C A，Herbohn J L，et al. Getting the big picture in natural resource management—Systems thinking as ‘method’ for scientists，policy makers and other stakeholders [J]. Systems Research and Behavioral Science，2007，24 (2)：217-232.

③ Smith C S，Howes A L，Price B，et al. Using a Bayesian belief network to predict suitable habitat of an endangered mammal—The Julia Creek dunnart (Sminthopsis douglasi) [J]. Biological Conservation，2007，139 (3-4)：333-347.

④ Bosch O J H，King C A，Herbohn J L，et al. Getting the big picture in natural resource management-systems thinking as ‘method’ for scientists，policy makers and other stakeholders [J]. Systems Research and Behavioral Science，2007，24 (2)：217-232.

⑤ Gulnaz J，Chiranjeewee K，Harald V. Developing criteria and indicators for evaluating sustainable forest management：a case study in Kyrgyzstan [J]. Forest Policy and Economics，2012，21：32-43.

需要的一种社会参与方式；个人参与模式即以个人为单位的没有组织的参与方式①。

结合公众参与在生物多样性保护领域的特点，其参与模式可分为个人参与模式和社会公众参与模式两种。

2.1.3.1 个人参与模式

个人参与生物多样性保护可以通过行使个人的环境权力来实现。个人参与也是社区参与模式和非政府组织参与模式的基础。影响个人参与生物多样性保护的因素主要有环境或生物多样性保护意识和个人的社会背景②。环境意识在一定程度上预示着个人的环保行为③。公众的价值观会对其环保行为产生很大的影响。不同的时空条件，人们的思想观念不同，会产生各种不同的环境意识表现，从而影响人们的环境行为④。个人受教育程度、居住地、年龄、职业等社会背景也会对个体参与环保行为有所影响。研究表明，人的社会背景可以通过培养转化为环境意识，从而间接影响个人的环保行为⑤⑥。

个人虽然从以前的那种严格的集体的束缚里挣脱出来，但社会仍旧是一个组织森严的整体，个人在整个社会中的地位还是比较低的，其行为仍然要受到各种强大的组织的有形和无形的压力，人们可以个人的身份参与公共事务，但最终还是没有决定权⑦。因此，个人的参与行为对于生物多样性保护而言，作用甚微，只有将个体行为转化为群体行为，促使相当多的公众真正参与到生物多样性的保护中，才能实现生物多样性可持续发展的目标。

---

① Hussain A，Dasgupta S，Bargali H S. Conservation perceptions and attitudes of semi-nomadic pastoralist towards relocation and biodiversity management：a case study of Van Gujjars residing in and around Corbett Tiger Reserve，India [J]. Environment，Development and Sustainability，2016，18：57-72.

② Jandreau C，Berkes F. Continuity and change within the social-ecological and political landscape of the Maasai Mara，Kenya [J]. Pastoralism：Research，Policy and Practice，2016 (6)：1-15.

③ Hussain A，Dasgupta S，Bargali H S. Conservation perceptions and attitudes of semi-nomadic pastoralist towards relocation and biodiversity management：a case study of Van Gujjars residing in and around Corbett Tiger Reserve，India [J]. Environment and Sustainability，2016，18：57-72.

④ Allen J B，Ferrand J L. Environmental locus of control，sympathy and pro-environmental behavior [J]. Environment and Behavior，1999，31 (3)：338-353.

⑤ Tarrant M，Cordell H. The effect of respondent characteristics on general environmental attitude-behavior correspondence [J]. Environment and Behavior，1997，29 (5)：618-637.

⑥ Schultz P W，Zelezny L C. Values and pro-environmental behavior：a five-county survey [J]. Journal of Cross-Cultural Psychology，1998，29 (4)：540-558.

⑦ Robinson L W，Berkes F. Multi-level participation for building adaptive capacity：Formal agency-community interactions in northern Kenya [J]. Global Environmental Change，2011，21 (4)：1185-1194.

2.1.3.2 社会公众参与模式

社区公众参与和非政府组织公众参与是社会公众参与模式的两种参与形式。20 世纪 90 年代，中国提出了社区参与的概念。社区是集聚当地居民的社会单位，社区公众参与将个体行为转化为群体行为，使得参与行为可以更加有效地被运用到环境问题的管理中。

环境权的整体性和公共性要求通过共同的集体行动来履行，其中社区是公民参与生态保护行动最直接和便捷的渠道，通过社区对外进行延伸，比如进行环境维权、参与和推动政府环境政策的制定等活动。并且，社区生态保护集体行动是融合社区智慧的产物，其中的“规则”与“秩序”既符合效率原则，又保证了公平原则[①]。

社区公众参与是在个人参与的实践中形成的[②]，印度的“抱树运动”（Chipko Movement）是最为经典的社区参与实践。这一运动的目的是阻止商业伐木毁坏森林，主张当地居民的权利，保护其赖以生存的自然资源。当地的居民（尤其是妇女们）以一种非暴力抵抗和不合作的方式参与到生态资源的保护中，以抱在树上的方式，阻止当地的商业伐木。这种看似原始的方法，成功地促成了政府颁布为期 15 年的砍树禁令，也为 2006 年颁布森林权利法案，明确对树林的保护和周围原住民的保护奠定了基础。

社区公众参与是近年来国际上在生态保护中广泛采用的一种模式，由于生态保护收益的外溢性，原住民社区的保护水平容易偏离最优水平[③]。社区集体保护行动常常会面临囚徒困境，导致公共地悲剧[④]，为此，需要构建有效的集体行动激励与约束机制，包括达成社区共识，使每一位社区居民都明白生态资源保护的重要性；建立社区新的行动准则和伦理标准，并形成社区内部的惩罚制度；降低居民参与社区行动的成本，保障其参与行动的收益，达到社区成员

---

① Roba H G，Oba G. Community participatory landscape classification and biodiversity assessment and monitoring of grazing lands in northern Kenya [J]. Journal of Environmental Management，2009，90 (2)：673-682.

② Oba G，Sjaastad E，Roba H G. Framework for participatory assessments and implementation of global environmental conventions at the community level [J]. Land Degradation & Development，2008，19：65-76.

③ Hussain A，Dasgupta S，Bargali S H. Conservation perceptions and attitudes of semi-nomadic pastoralist towards relocation and biodiversity management：a case study of Van Gujjars residing in and around Corbett Tiger Reserve，India [J]. Environment，Development and Sustainability，2016，18：57-72.

④ Lasgorceix A，Kothari A. Displacement and relocation of protected areas：a synthesis and analysis of case studies [J]. Economic and Political Weekly，2009，44 (49)：37-47.

的普遍参与的目标。

非政府组织公众参与是社会公众参与模式的另一个参与形式。社会群体的构成是十分复杂的，不同的群体具有不同的利益诉求，存在广泛的价值冲突。建立有效的组织机构并明确其职责是顺利开展公众参与的组织保障。

2.2 生物多样性保护公众参与的相关概念、主体和客体

2.2.1 相关概念

2.2.1.1 生物多样性保护

依据《生物多样性公约》的解释，生物多样性是指“所有来源的形形色色生物体，这些来源除其他外包括陆地、海洋和其他水生生态系统及其所构成的生态综合体；这包括物种内部、物种之间和生态系统的多样性”。该公约给出的定义是目前普遍认可的定义。《中国生物多样性保护战略与行动计划（2011—2030 年）》指出，生物多样性包括生态系统多样性、物种多样性和基因多样性三个层次①。

关于生物多样性保护，《生物多样性公约》也作了相应说明：“生物多样性的保护是全人类的共同关切事项。”“各国有责任保护它自己的生物多样性并以可持久的方式使用它自己的生物资源。”“保护生物多样性的基本要求，是就地保护生态系统和自然生境，维持恢复物种在其自然环境中有生存力的群体。”划定专门的生物多样性保护区，是普遍采用的生物多样性“就地保护”方式。此外，该公约指出，“保护和持久使用生物多样性对满足世界日益增加的人口的粮食、健康和其他需求至为重要”，“遗传资源和遗传技术”的“取得和分享”也是生物多样性保护的必要内容。总而言之，该公约明确了生物多样性保护的内涵，生物多样性保护关乎人类生存，其保护是基于生物资源可持续利用的保护，保护所产生的惠益应当公平分享，就地保护是生物多样性保护采取的主要方式。

2.2.1.2 生物多样性保护的公众参与

《生物多样性公约》的“序言”部分指出，“许多体现传统生活方式的土著和地方社区同生物资源有着密切和传统的依存关系，应公平分享从利用与保护生物资源及持久使用其组成部分有关的传统知识、创新和作法而产生的惠益”，并强调“妇女在保护和持久使用生物多样性中发挥的极其重要作用……妇女必

---

① 中华人民共和国环境保护部. 中国生物多样性保护战略与行动计划（2011—2030 年）[M]. 北京：中国环境科学出版社，2011：1.

须充分参与保护生物多样性的各级政策的制订和执行”。第13条“公众教育和认识”规定：“促进和鼓励对保护生物多样性的重要性及所需要的措施的理解，并通过大众传播工具进行宣传和将这些题目列入教育课程。”“酌情与其他国家和国际组织合作制定关于保护和持久使用生物多样性的教育和公众认识方案。”第17条“信息交流”强调公众对于生物多样性保护和持久使用的信息交流。可见，公约对生物多样性保护的公众参与非常重视，强调妇女和社区居民是公众参与必不可少的主体，注重生物多样性信息的交流和公众教育。

如前所述，生物多样性保护的核心是生物资源的可持续管理，由于资源使用者和受到资源管理措施影响的个人在资源管理中往往缺乏主动参与的能力，因此需要采取必要的参与方法和决策，引导和激励他们参与[①]。生物多样性保护范畴内的“公众参与”，指的是生物资源的使用者，生物资源的管理者和受到生物资源管理措施影响的利益相关人主动或应邀加入资源管理规划、决策、管理行动和效果评价等的系统过程。

2.2.2 生物多样性保护公众参与的主体

研究生物多样性保护公众参与的主体，应当充分考虑生物多样性保护的以下三个特点：

其一，生物多样性包括生态系统多样性、物种多样性和基因多样性三个层次，其保护政策的制定必须依赖确实可信的科学研究。

其二，生物多样性保护与每个人的生存环境息息相关，必须兼顾生物多样性保护和人类福祉，这就决定了其保护措施具有公益性。

其三，实际管理中，生物多样性保护行政管理涉及林业、国土、农业、水利、环保等多个部门，要求政府部门间的协作。

因此，公众参与在“生物多样性保护”这一具体语境下，其主体应当包括科学研究人员、普通居民、政府相关管理部门及其他相关社会团体。各个主体代表不同的利益，在参与的过程中应相互了解和协调，实现生物多样性保护和人类福祉的可持续发展。

2.2.2.1 科学家（专家）/科研机构

生物多样性保护是一个复杂的环境问题，在实际过程中，政府管理者在制定相关保护政策时往往面临着科学信息缺乏和许多不确定性因素，科学家（专家）/科研机构的参与是为生物多样性保护提供科学依据的前提。然而，科学

---

① 刘永功，刘燕丽，Remenyi J，等. 自然资源管理中的公众参与和性别主流化［M］. 北京：中国农业大学出版社，2012：19.

研究结果有时无法应用到政策决策中[①]，科学研究和政策制定出现了脱节的现象。Young 和 Aarde（2011）指出，缺乏与决策问题相关的科学信息，是科学与政策的主要障碍[②]。因此，科学家（专家）/科研机构在生物多样性保护过程中与政策制定者和其他利益相关人协作，将科学研究结果运用到环境决策中，是科学家（专家）/科研机构参与生物多样性保护的重要内容。

对于自然保护的相关问题，Cash 等（2003）指出，科学家的研究结果能否跨越知识与应用的界限并最终被决策者采纳，取决于是否满足三个条件：其一，研究的内容必须具有显著突出性（salient），即与决策内容息息相关，并且实时提供给决策机构。其二，研究结果确实可信性（credible）。其三，研究过程合法正当性（legitimate）[③]。Karl 等（2007）认为，在决策过程中（或是科学研究过程中）运用“共同事实确认”的方法可以实现上述三者的平衡，将科学研究结果应用到保护政策中[④]。但是，决策者对于科学信息的可靠性和合理性，与科学家有着不同的看法。严谨的科学方法要求用实验建立因果关系，并且在多时空尺度具备高度重复性。而环境保护方面的问题研究通常难以满足这一要求，为了保证研究方法的严谨性，通常将问题简单化，这样虽然可以产出大量的研究结果，但在实践中这些结果却不被接受[⑤]。对于生物多样性保护政策的社会影响的研究通常只能采用定性研究的方法，这在决策者眼里是合理的，但对于更加信任定量研究结果的科学家来说，定性研究结果显得不够准确可信。因此，让利益相关者对研究的突出性、可信性和合理性达成一致认可尤其重要，这是将科学研究结果应用到政策中的重要基础。

2.2.2.2 居民/社区

《生物多样性公约》中明确提出，“土著和地方社区同生物资源有着密切和

---

① Possingham H P, Mascia M B, Cook C N, et al. Achieving conservation science that bridges the knowledge-action boundary [J]. Conservation Biology, 2013, 27 (4): 669-678.

② Young K D, Aarde R J. Science and elephant management decisions in South Africa [J]. Biological Conservation, 2011, 144 (2): 876-885.

③ Cash D W, Clark W C, Dickson N M, et al. Knowledge systems for sustainable development [C]. Proceedings of the National Academy of Sciences of the United States of America, 2003, 100: 8086-8091.

④ Karl H A, Susskind L E, Wallace K H. A dialogue, not a diatribe: effective integration of science and policy through joint fact finding [J]. Environment Science and Policy for Sustainable Development, 2007, 49 (1): 20-34.

⑤ Pullin A S, Knight T M. Assessing conservation management's evidence base: a survey of management-plan compilers in the United Kingdom and Australia [J]. Conservation Biology, 2005, 19: 1989-1996.

传统的依存关系，应公平分享从利用与保护生物资源及持久使用其组成部分有关的传统知识、创新和作法而产生的惠益”。公约还特别强调了妇女在保护和持久使用生物多样性中发挥的极其重要的作用，妇女必须充分参与保护生物多样性的各级政策的制定和执行。

生物多样性保护政策通常具备的特点：采取在一定的时间期限内或无限期地改变、降低、限制或禁止珍贵资源的使用，如采取禁耕、禁牧、禁伐、禁采、禁渔及禁捕等措施；采取划定自然保护区的措施以保证珍贵资源不受侵害，如在自然保护区的核心区限制一切人为活动，要求居住在核心区的社区整体搬到核心区外，建立新的居住点；建设其他保护设施等。这些政策和当地居民的生活息息相关，与生态资源相依为命的原住民是生态环境治理的内生力量。他们根植并世代居住在这块土地上，不论生态资源的产权发生怎样的变化，情感依附使得他们有着天然的生态保护意愿，并由此积累了大量的对生态系统的本土知识，创造了自己的文化、历史和生活方式。这些居民通过自治方式联合起来，建立自治组织，自我约束、自我管理，其环境治理成本远远低于外生力量的环境治理成本。

居民/社区的参与程度和效果，取决于整个社会的环境意识和政策激励。如果社会整体环境意识和政策激励措施偏弱，则居民/社区参与往往处于相对被动的状态，需依赖于其他利益相关群体的引导和激励。

2.2.2.3 非政府组织

现代意义上的非政府组织（以下简称 NGO）出现在第二次世界大战之后，NGO 被视为“市场失灵[①]”或“政府失灵[②]”的产物。NGO 能提供新的资源配置体制，弥补政府与企业的不足，因此被称为与政府和企业平行的第三部门、非营利组织或市民社会。联合国对 NGO 的定义是：在地方、国家或国际层面上组织起来的非营利性的、自愿的公民组织。这类组织面对同样的任务，由兴趣相同的人推动。他们提供各种各样的服务并发挥人道主义作用，向政府反映公民关心的问题、监督政策制定和鼓励在社区水平上的政治参与。他们是具有独立性质的民间组织或团体，提供分析和专门知识，充当早期预警机制，

---

① 市场失灵是指，对于非公共物品而言由于市场垄断和价格扭曲，或对于公共物品而言由于信息不对称和外部性等原因，导致资源配置无效或低效，因此不能实现资源配置零机会成本的资源配置状态。主要表现为收入与财富分配不公、外部负效应问题、竞争失败和市场垄断的形成、失业问题、区域经济不协调问题、公共产品供给不足、公共资源的过度使用。

② 政府失灵是指，政府对公共物品市场的不当干预而最终导致市场价格扭曲、市场秩序紊乱，或对公共物品配置的非公开、非公平和非公正行为，最终导致政府形象与信誉丧失的现象。

帮助监督和执行国际协议，运行的盈利也不分配给个人或成员。民间组织通过承担一定的公共事务，影响国家制定政策的方向。

NGO作为一种社会力量，能够通过参与决策、评价政策实施效果来监督政府的决策制定和管理。其是不同学术领域之间、知识群体和政府之间利益协调的重要渠道。NGO可以将众多个人的意志加以协调以聚合成“公意”，更好地使公众利益在政府决策中得以体现。大力发展NGO在公众参与中的专业性和影响力，将有效推动公众参与的发展①。

中国民间公益组织发展迅速，2017年，共有社会组织80多万个，其中，社会团体373194个，民办非企业单位421567个，基金会6322个②。在生物多样性保护领域，国内成立了以“山水自然保护中心”和“中国生物多样性保护与绿色发展基金会”为代表的相关NGO。

2.2.2.4 政府管理部门

政府管理部门在生物多样性保护的公众参与中起着引导作用。首先，政府管理部门具有重要的生态保护职能，通过公共选择程序，决定保护目标，设立管理机构，制定和执行保护立法和规划。同时，借助税费、补贴等经济手段，筹集资金，克服生态保护的外部性问题。然而，政府管理部门在生态保护活动中也可能面临信息失灵、知识不足、目标选择失误、管理失控等问题，其生态治理的效果往往偏离最优水平。因此，在生物多样性保护过程中，政府管理部门需要与当地居民、科研机构及其他社会组织充分协作，才能保证政策的制定和有效实施。其次，中国涉及生物多样性管理的政府部门包括农业、林业、渔业、环保等多个部门，这些部门之间实现了良好的协作和沟通。

2.2.2.5 企业

企业在社会系统中，与政府、居民和其他利益相关者一起承担着保护环境的社会责任。随着时代的发展，企业采用生态文明的生产方式，履行社会责任，已经成为一种必然趋势。但是，按照传统经济学理论，一般将环境产品理解为纯粹的公共产品，企业在没有任何政策约束的条件下，不会主动增加对环境保护的投入③。因此，国家政策直接影响着企业的环保参与行为。

---

① 王周户. 公众参与的理论与实践［M］. 北京：法律出版社，2011：332.

② 《慈善蓝皮书：中国慈善发展报告（2018）》——2017中国社会组织总数量突破80万个［EB/OL］.（2018-06-22）［2021-04-15］. http://world. people. com. cn/nl/2018/0622/c190970-30075890. html.

③ 王艳，杨忠直. 健康资本、效率工资与政府补贴——企业环境保护行为的微观分析［J］. 上海交通大学学报，2005，39（10）：1578-1581.

中国企业已初步形成了环境管理的意识，生态环境保护成为企业发展的基础[①]。对于生物多样性保护领域的企业参与，依赖于政府的引导激励和社会的呼吁，为企业提供参与的途径和方法，促进其参与生物多样性保护。《生物多样性公约》第10条e款规定："鼓励其政府当局和私营部门合作制定生物资源持久使用的方法。"企业可以通过公益捐赠等形式参与生态保护，以宣传企业的形象和实现企业的社会责任。在有限度的开发和利用的前提下，政府给予企业一定的补偿，让企业有动力从事生态保护活动。另外，在开展具体的生物多样性保护项目中，将企业作为项目实施的主体，会有效吸引企业参与生物多样性保护。

2.2.3 生物多样性保护公众参与的客体

本节在《中国生物多样性保护战略和行动计划（2011—2030年）》的基础上，梳理了生物多样性保护公众参与的客体，即与生物多样性保护有关的所有公共事务。生物多样性保护涉及的事务主要为以下五个方面，它们也是公众参与生物多样性保护的主要内容。

2.2.3.1 生物多样性保护政策的制定和执行

生物多样性保护政策的制定：生物多样性保护战略和行动计划的制订，包括各部门、各省级政府制定本部门和本地区生物多样性保护战略和行动计划；生物资源保护和可持续利用的激励政策的制定；生物遗传资源获取与惠益共享政策的制定；生态补偿政策的制定；外来物种入侵和生物安全的管理政策的制定；传统知识的保护政策的制定；自然保护区周边社区环境友好产业发展政策的制定。

生物多样性保护政策的执行主要包括对以上政策执行的监督：对生物多样性规划、计划实施的评估监督，对破坏生物多样性的违法行为的监督。

2.2.3.2 生物多样性相关信息的调查、监测及交流

生物多样性本底信息的调查：生物遗传资源的调查，尤其是地方农作物、畜禽品种资源、药用动植物和菌种资源的调查；野生动植物资源的调查；濒危物种的评估；当地传统知识的调查，尤其是传统医药和少数民族传统知识的整理和保护的调查。

生物多样性相关信息的监测：生态系统的监测，物种资源的监测，外来入侵物种的监测。

---

① 陈晓彤．企业发展与生态环境保护共赢［J］．环境与发展，2020，32（7）：187-188．

生物多样性相关信息的交流：建立生物多样性信息管理系统，包括生物遗传资源、数据库和信息系统；开展生物多样性保护科普教育，推广有利于生物多样性保护的消费方式、餐饮文化及其他理念和行为规范；发布濒危物种目录。

2.2.3.3 生物多样性就地保护

自然保护区发展规划的制定，地方政府与当地居民对自然保护区的协作管理，建立自然保护区信息管理系统，制定自然保护区监管措施，自然保护区外围的民间生物多样性保护，管理人员的管理能力和业务水平，畜禽遗传资源保种场和保护区的建设，跨国界保护区的建立。

2.2.3.4 生物多样性迁地保护

各类生物遗传资源保存库的建设，包括农作物种质资源、野生物种种质资源、林木植物种质资源、水产种质资源、野生花卉种质和药用植物资源、微生物资源等保存库的建设。保存库通常依托动物园、植物园或野生动物繁育中心等来建设。

2.2.3.5 生物资源的可持续利用

畜禽遗传资源的开发和利用，农作物种质资源的更新繁殖、性状鉴定与评价，林木种质资源的性状鉴定和基因筛选，药用和观赏植物资源利用，以及公平分享生物资源利用所带来的惠益。

2.3 生物多样性保护公众参与机制的概念和内涵

2.3.1 概念

“机制”泛指一个工作系统的组织或部分之间相互作用的过程和方式①。在任何一个系统中，机制都起着基础性的作用。生物多样性保护公众参与机制是指在生物多样性保护过程中，个人、专家学者、社区、非政府组织、政府部门、企业等各参与主体之间相互合作、沟通、协调、制约所形成的制度。其目标是实现公众有序参与和有效参与生物多样性保护相关的所有事务，保障公众参与，实现生物多样性保护和社会经济的可持续发展。

2.3.2 内涵

公众参与机制是关于政府和普通公众如何通过合理的渠道就相关公共事务

① 中国社会科学院语言研究所词典编辑室. 现代汉语词典［M］. 7 版. 北京：商务印书馆，2018：600.

进行协商、协调和协作的机制①。生物多样性保护公众参与的实现机制是公众如何通过合理的渠道就生物多样性保护公共事务进行协调和协作的机制。关于公众参与机制的构建，王锡锌（2008）提出了以参与主体、参与客体和参与方式为基本要素的参与实现机制②，石路（2009）提出了公共决策中政府公开机制、民意表达机制和公共舆论机制相结合的公众参与机制③，陈昕（2010）提出了以参与事项、参与主体、参与方式和参与效力为要素的参与实现机制④，王春雷（2010）提出了以参与主体、参与范围、参与途径和参与制度等为要素的参与实现机制⑤。基于上文对生物多样性保护公众参与的主体和客体的分析，生物多样性保护公众参与机制应当包括对参与主体、参与客体的选择以及实际参与过程的有效组织和实施。

2.3.2.1　关于生物多样性保护公众参与的参与主体和参与客体的选择

托马斯（2005）针对公共决策领域提出了参与主体、参与客体选择的七个步骤，即决策的质量要求、政府决策所具备的信息、决策问题的结构化、决策参与的必要性、相关公众的判定、相关公众与公共管理机构的目标一致性以及相关公众之间的冲突⑥。其中，前三个步骤是对决策的质量要求，后四个步骤是对公众的接受性要求。在实施公众参与的过程中，对具体公共决策问题逐个作出判断和选择。基于公共管理对象的复杂性、公共决策过程机制的特殊性及公众难以直接控制等因素，Lawrence 和 Deagen（2001）认为，决策的质量要求对参与主体、参与客体的选择没有直接影响，建议将第一个实施步骤删除。同时，建议将托马斯提出的最后两个实施步骤调整为：相关公众是否愿意参与整体对话以改善情况、公众投入或未来的关系是否会通过公众之间的学习而得到改善⑦。依据上述参与主体、参与客体选择的步骤，公众参与生物多样性保护的参与主体和参与客体的选择可按以下步骤来完成。

第一，判断生物多样性保护公共事务的专业性程度，即判断具体公共事务

① 李伟权. 政府回应论［M］. 北京：中国社会科学出版社，2005：215.

② 王锡锌. 行政过程中公众参与的制度实践［M］. 北京：中国法制出版社，2008：293.

③ 石路. 政府公共决策与公民参与［M］. 北京：社会科学文献出版社，2009：198-202.

④ 陈昕. 基于有效管理模型的环境影响评价公众参与有效性研究［D］. 长春：吉林大学，2010.

⑤ 王春雷. 基于有效管理模型的重大活动公众参与研究——以 2010 年上海世博会为例［M］. 上海：同济大学出版社，2010：20.

⑥ 约翰·克莱顿·托马斯. 公共决策中的公民参与：公共管理者的新技能与新策略［M］. 孙柏瑛，译. 北京：中国人民大学出版社，2005.

⑦ Lawrence R L，Deagen D A. Choosing public participation methods for natural resources：a context-specific guide［J］. Society and Natural Resources，2001，14（10）：857-872.

是否属于专业性较高的事务，并据此判断该公共事务是否只能由具备一定专业能力的特殊人员（如专家）而不是由普通公众的广泛性参与才可执行（问题 1）。在此基础上，考虑政府人员是否已经具备执行该公共事务所需要的专业知识与专业技能（问题 2）。一般来说，对该问题作出肯定回答则表示该公共事务执行的过程中公众参与的重要性较低。基于此，生物多样性保护公众参与主体和参与客体的选择首先是针对如下两个问题对生物多样性保护公共事务的专业性程度作出判断：

问题 1：执行该公共事务需要的专业知识和技能的程度。

问题 2：政府人员具备的执行该公共事务所需的专业知识与技能的程度。

第二，判断公众支持对生物多样性保护公共事务执行的重要性，即判断生物多样性保护公共事务执行及其预期结果的取得，对公众信息提供、民意支持、资源支持或行动支持等某一个或多个方面的需要程度。其判断的是公众参与对生物多样性保护公共事务执行的作用和价值，这主要取决于三个因素：一是政府所拥有的信息、资源的数量与质量，以及他们能否保证公共事务的有效执行。二是公众所拥有的信息、资源的数量与质量，以及他们对公共事务有效执行的重要性。一般来说，对“一”的判断若是肯定的，则公众支持的重要性相对较低；对“二”的判断若是肯定的，则公众支持的重要性较高。三是基于公众参与主体的多元化，需要考虑具体的公共事务需要哪些公众的参与以及这些公众的参与意愿。

问题 3：公众的信息提供、民意支持或资源（主要指知识、技能、资金以及物质性资源等）支持等对生物多样性保护公共事务执行的重要程度。

问题 4：哪些公众对该公共事务的执行能起到支持作用。

问题 5：目前公众愿意参与该项公共事务的程度。

对上述五个具体问题的判断，是生物多样性保护公众参与中参与主体和参与客体选择的基本步骤，本书后面的章节会将其运用到具体的案例中作进一步研究。

2.3.2.2 关于生物多样性保护实际参与过程的有效组织包括公众参与保障机制和实现机制的建设

生物多样性保护公众参与的保障机制和实现机制可以从法治机制、方法培训机制、公众科学机制以及协议保护机制四个方面加以研究。

第一，法治机制是基于政治文化建设的保障机制。其是基于中国的国家政策、法律法规等，分析生物多样性保护公众参与的基本权利，并说明这些基本权利具体如何影响公众参与，并构建相应的保障机制。

第二，方法培训机制是基于公众参与能力提升的保障机制。其目标是构建生物多样性保护公众参与的基本方法和工具的框架，包括方法培训的主要对象、培训的方法、实施的模式，以及生物多样性保护公众参与的方法和工具。

第三，公众科学机制是基于生物多样性保护的相关科学研究和信息交流的实现机制。其是针对生物多样性保护的科学复杂性和不确定性，促进信息交流和公众参与的科学研究。

第四，协议保护机制是基于有效激励自然保护地公众参与生物多样性保护的实现机制。其目标是界定协议保护机制的相关利益主体，各利益主体在协议保护机制下，共同参与生物多样性保护。

第3章 生物多样性保护公众参与机制的构建

针对生物多样性保护领域的特点，本章所研究的生物多样性保护公众参与机制主要包括：法治机制、方法培训机制、公众科学机制和协议保护机制。

3.1 生物多样性保护公众参与的法治机制

生物多样性保护公众参与的法治机制是指能确保公众权益得到制度化表达的法律法规支持体系。利益是社会关系的首要表现，追求利益是人类一切社会活动的根本原因，也是社会经济、政治、文化发展的直接动力。权益表达是政治参与的第一步，也是衡量民主政治的重要标准。在法学领域，权益表达就是权利表达。权利表达分为制度化与非制度化两类。制度化表达主要有：通过个人与相关部门接触、申诉来表达自己的权益，通过选举投票对政府管理机构、代议机构的决策施加影响，通过合法的游行、示威、罢工等抗议活动表达不满与诉求，通过电视、网络、报纸等媒体向政府施加舆论压力并取得社会同情等。如果公民的权益不能通过制度化的渠道进行表达，他们就会选择非制度化的渠道进行表达，比如非理性的暴力行为。因此，权益的制度化表达，既决定一个国家的社会稳定，也是一个国家政治发展水平的重要标志①。在法制健全的社会，法治机制是实现公民权利支持的重要方式，也是权益表达的重要保障。

3.1.1 生物多样性保护公众参与的基本权利

知情权、参与权、监督权及诉讼权是公众参与生物多样性保护的基本权利。

知情权，从法律角度讲，是一项基本人权，指知悉、获取信息的自由与权

① 王周户. 公众参与的理论与实践 [M]. 北京：法律出版社，2011：78.

利，公民对于国家重要决策、重要事务以及社会上发生的与普遍公民密切相关的重大事件，有了解或知悉的权利。知情权主要围绕政府信息的范围、公开的程序等展开，更多的是对政府的要求。知情权是监督的基础和前提，其建立在信息公开的基础之上。政府有责任完善信息公开规范化建设，降低公众获取信息的成本，以利于公众参与生物多样性保护。同时，信息的公开也有利于生物多样性保护的科学研究。只有保证公众的知情权，才能保障其参与权、监督权、诉讼权以及其他相关的法律权利。

参与权，指公民依照法律的规定参与国家公共生活管理和决策的权利，具体包括直接参与管理权、了解权、听证权、协助权等。参与权主要围绕公众参与的程序、形式、效果等展开，更多的是对公民的规范。公众知情权的实现程度决定了公众参与的效果，知情是参与的前提，参与促进了政府信息公开，进一步实现公众的知情权。公众参与的过程实际上是权利表达的过程，一方面使公民的利益要求得到表达，另一方面使社会矛盾掌握在可控范围内。有效的参与，可以凸显公众在公共事务管理中的主体地位，公众参与过程是与政府进行互动的过程，如缺少政府信息公开对公众参与的支持，就会影响公众参与的热情和积极性；如果没有公众参与，政府信息公开也就失去了必要性和意义。公众的积极参与，是生物多样性保护的决定性力量。如生物多样性保护优先区域的具体项目的制定、规划以及实施都应该为公众提供参与的空间和平台，鼓励公众参与可以取得公众的理解和合作，有利于保护项目的实施。在制定具体的生物多样性保护项目之前，鼓励公众参与相关调查，共同参与研讨会，选出最佳保护方案；在项目进行的过程中，不定期地举行问题研讨会，让决策者、专家以及其他公众面对面地进行沟通、协商，这样既可以满足公众参与的利益诉求，又可以对公众起到宣传教育作用。生物多样性保护中的公众参与权，即公众参与且与政府共同协商决定生物多样性保护的权利，如与生物多样性有关的本底调查、信息收集、咨询会、保护项目实施等。按照参与主体不同，公众参与主要分为个人参与、团体参与、专家参与、企业参与等形式。其中，团体参与、专家参与和企业参与属于有组织、固定的参与模式，个人参与属于无组织、松散的参与模式。生物多样性保护关乎公共利益，公众有权利也有必要参与和生物多样性保护有关的管理、政策制定、决策等工作。

监督权，指公民监督国家机关及其工作人员公务活动的权利。监督权是公民参政权中一项不可缺少的内容，是国家权力监督体系中的一种最具活力和最有效的监督方式。生物多样性保护公众监督权是指公众在充分获取信息且充分参与的情况下，通过提意见、批评、建议等促使政府改变决策的过程，是公众参与由表面参与向深度参与转变的重要标志。公众参与是否停留在形式上，取决于公众监督权的实现程度。公众监督，有利于改进相关政府工作人员的工作态度和效率，有利于阻止以商业利益开发为主的生态环境破坏行为，有利于激发公众关心和参与生物多样性保护工作的热情，是社会民主进步的重要标志。要使全社会关心并支持生物多样性保护，就要充分发挥民众的监督作用，把生物多样性保护置于全社会的关注和监督之下。

诉讼权，指公民为解决争议进行诉讼活动，要求国家司法机关予以保护和救济的权利。环境诉讼包括民事诉讼、行政诉讼和刑事诉讼三大领域，或者分为公益诉讼和私益诉讼两大类。环境公益诉讼是指为了保护社会公共的环境权利和其他相关权利而进行的诉讼活动，也是针对保护个体环境权利及相关权利的“环境私益诉讼”而言的。它是社会成员（包括公民、企事业单位、社会团体等）依据法律的特别规定，在环境受到或可能受到污染和破坏的情形下，为维护环境公共利益不受损害，针对有关民事主体或行政机关而向法院提起诉讼的制度。实践证明，这项制度对于保护公共环境和公民环境权有重要作用。

3.1.2 生物多样性保护公众参与权利的相关规定

《中国生物多样性保护战略与行动计划（2011—2030年）》是中国生物多样性保护的纲领性文件。该计划提出，建立生物多样性保护公众参与机制与伙伴关系，将公众参与确定为生物多样性保护的基本原则之一。中国生物多样性保护公众参与权利的规定体现在国家的一系列法律法规中。《宪法》第二条规定：“人民依照法律规定，通过各种途径和形式，管理国家事务，管理经济和文化事业，管理社会事务。”该条规定为公众参与生物多样性保护提供了纲领性的法律依据，是社会主义民主的基本体现。

2014年4月24日新修订的《环境保护法》专章规定了“信息公开和公众参与”。第五十三条规定：“公民、法人和其他组织依法享有获取环境信息、参与和监督环境保护的权利。”第五十七条规定：“公民、法人和其他组织发现任何单位和个人有污染环境和破坏生态行为的，有权向环境保护主管部门或者其他负有环境保护监督管理职责的部门举报。”第五十八条特别规定了诉讼权：“对污染环境、破坏生态，损害社会公共利益的行为，符合下列条件的社会组织可以向人民法院提起诉讼：（一）依法在设区的市级以上人民政府民政部门登记；（二）专门从事环境保护公益活动连续五年以上且无违法记录。……”

2015年9月1日开始实施的《环境保护公众参与办法》（以下简称《办法》）作为新修订的《环境保护法》的重要配套细则，是中国公众参与的基本法。《办法》的实施有利于切实“保障公民、法人和其他组织获取环境信息、参与和监督环境保护的权利，畅通参与渠道，促进环境保护公众参与依法有序发展”。《办法》的起草过程充分听取了社会各界，包括专业人士和普通公众的意见与建议，从制定开始就贯彻公众参与、民主决策的原则。《办法》明确了公众的知情权、参与权、监督权和诉讼权，规定了公众参与的方式包括征求意见，问卷调查，召开座谈会、专家论证会、听证会等。

2006 年，国家环境保护总局公布实施的《环境统计管理办法》第二十四条规定：“各级环境保护行政主管部门的相关职能机构应当在规定的日期内，将其组织实施的其业务范围内的统计调查所获得的调查结果（含调查汇总资料及数据），报送环境统计机构。前款所述的环境统计调查结果应当纳入环境统计年报或者其他形式的环境统计资料，统一发布。”2007 年，国家环境保护总局依据国务院公布的《政府信息公开条例》，公布了《环境信息公开办法》，对政府环境信息公开的范围、方式和程序作了具体规定。

关于环境保护的参与权，包括立法参与和环境决策参与两个方面。《立法法》（2015 修订）第五条对公众参与环境立法作了概括性规定：“立法应当体现人民的意志，发扬社会主义民主，坚持立法公开，保障人民通过多种途径参与立法活动。”2005 年，国家环境保护总局公布实施的《环境保护法规制定程序办法》规定了环境保护法规在起草阶段和审查过程中，应听取有关机关、组织和公民意见的事项，为公众参与生物多样性保护相关法律的制定提供了依据。

目前，中国对于公众参与环境决策的权利并没有作直接规定。现有环境法律规定了建设单位、环境影响评价机构以及环境保护部门有为公众参与提供法律通道的义务，间接确立了公众参与环境决策的权利。如《可再生能源法》第九条规定：“编制可再生能源开发利用规划，……应当征求有关单位、专家和公众的意见，进行科学论证。”2018 年，生态环境部公布实施了《环境影响评价公众参与办法》，提出“环境影响评价公众参与遵循依法、有序、公开、便利的原则”，通过举行论证会、听证会等参与形式征求公众的意见。

此外，《野生动物保护法》《海洋环境保护法》《土地管理法》《草原法》《自然保护区管理条例》《风景名胜区条例》《退耕还林条例》等法律法规也规定了各自领域的公众监督、检举环境违法行为的权利。

如《野生动物保护法》（2018 修正）第四条规定：“鼓励开展野生动物科学研究，培育公民保护野生动物的意识，促进人与自然和谐发展。”第六条规定：“任何组织和个人都有保护野生动物及其栖息地的义务。禁止违法猎捕野生动物、破坏野生动物栖息地。任何组织和个人都有权向有关部门和机关举报或者控告违反本法的行为。”这些法律法规中提到的单位和个人对环境损害的检举权和控告权一方面赋予了公众参与的监督权，另一方面可以作为公益诉讼存在的权源[1]。

3.1.3 生物多样性保护公众参与权利的实现

首先，保障生物多样性保护的公众知情权，是公众参与权利实现的基础。作为公众参与生物多样性保护的基础性条件和公众环境权益的重要组成部分，保障对相关信息的知情权是确保公众参与的重要环节。要建立生物多样性信息的收集、统计、报告、公告等信息公开机制，明确生物多样性信息的含义和范围、信息公开的主体、信息公开的方式、信息公开的程序。生物多样性信息包括生态系统多样性、物种多样性以及遗传多样性的信息，信息公开的主体包括环境保护、农业、林业等相关部门。在生物多样性保护过程中，相关部门可以通过电视、报纸、网络等媒体提供信息公开渠道，并通过这些渠道宣传相关知识，公开信息，起到宣传教育的作用。

其次，明确生物多样性保护公众知情权的程序保障机制。没有程序保障的公众知情权是难以真正内化为公民基本权利的。为使知情权真正成为公民的实然权利，应当建立较为完善的程序保障机制[2]。要进一步拓宽生物多样性行政管理机关提供环境信息的渠道和方式，赋予公众主动申请获取相关信息的权利，规定政府有责任接受公众对于相关信息的申请，并制定相应的操作办法，保证公众申请的范围、回复时间、收费等程序有法可依，从而实现政府主动公开与公众申请相结合的双向信息公开体系。

再次，完善政府信息公开的责任追究机制和权利救济制度。如何使公众的知情权得到切实有效的保护，是信息公开制度的一个重要环节。要建立信息公开的行政问责机制，将信息公开确定为行政机关的法定义务，如果政府有关部门无正当理由拒绝公众依法提出的信息公开申请或没有依法履行主动公开义务，公民可依法向有权机关提出申诉和提起行政复议。要完善信息公开的司法救济制度，公众的知情权最终的保障就是司法救济，公民可以请求法院审查行政机关的不公开决定，由法院裁定是否公开。要建立信息不公开的国家赔偿制度，如果公民因行政机关拖延提供或隐瞒应该公开的信息而造成利益受损，有权向法院起诉要求获得国家赔偿。要构建居民个人、非政府组织、科研机构、

---

① 徐祥民，纪晓昕. 现行司法制度下法院受理环境公益诉讼的权能 [J]. 中国海洋大学学报（社会科学版），2009 (5)：25-29.

② 史玉成. 论公众环境知情权及其法律保障 [J]. 甘肃政法学院学报，2004 (2)：55-58.

相关资源管理部门共同参与的环境公益诉讼机制：

其一，保护公众参与的积极性。环境公益诉讼与行政诉讼和民事诉讼不同，如果胜诉，法院的判决最终不会带给原告直接的利益补偿，或者利益补偿不会仅仅有利于原告。反之，原告发动环境公益诉讼必须支付一定的费用。既然原告没有获得直接利益或是利益不属于原告，那么就规定诉讼费用由占优势一方当事人负责支付，这样可以保护公众参与环境执法的积极性。

其二，重视非政府组织在环境公益诉讼中的主体地位。个人在诉讼中承担相关诉讼成本的能力有限，因此个人提起环境公益诉讼的积极性相对较弱。而组织，特别是公益性组织，可以结合各方资源，更有能力承担诉讼成本，对于推动环境公益诉讼的开展具有重要意义。

此外，生物多样性保护公众参与法治机制的实现，还依赖于当地公众参与的法制建设现状、公众对基本参与权利的诉求、政府部门对参与程序的认知等。因此，在实现过程中需要了解公众对如下问题的认知：

问题 1：对当地正在执行的公众参与的法律、法规和政策的认知。

问题 2：公众对基本参与权利的诉求。

问题 3：政府部门对具体参与事项的法律程序的认知。

图 3－1 为环境公益诉讼的公众参与流程图。

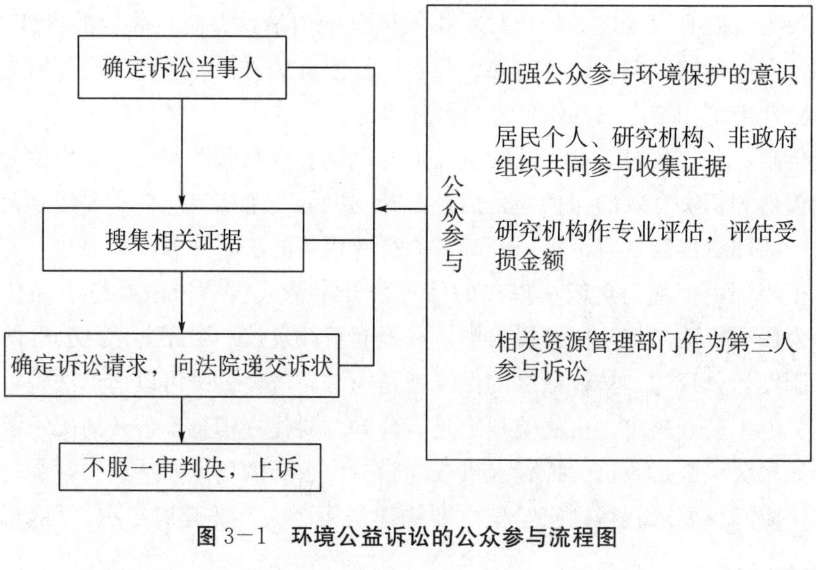

图 3－1　环境公益诉讼的公众参与流程图

3.2 生物多样性保护公众参与的方法培训机制

国内外资源管理项目的实践表明，公众参与需要专业化的设计与规划和精心的组织。对于具体资源管理项目的磋商和谈判，不仅需要科学信息作支撑，还需要协调利益相关方的关系①。公众参与的促进和协调需要一个训练有素的专业队伍来完成，而方法培训机制是能力建设的重要途径之一，是有效开展公众参与、协调生物多样性保护中的社会矛盾和冲突的重要机制。

3.2.1 公众参与的层次

公众参与的层次是指生物多样性保护中公众参与的程度和深度，不同的公众参与层次对应着各自的参与式方法和工具。明确公众参与的层次是构建生物多样性保护公众参与的方法培训机制的基础。

Arnstein（1969）是较早对公众参与层次展开研究的学者。Arnstein 认为，公众参与可分为八个层次，即操纵、治疗、告知、咨询、安抚、伙伴关系、授权和公民控制，各个层次的公众参与程度逐渐提高②。这样的层次划分的依据是前文所述的公众参与的阶梯理论。具体来说，操纵和治疗属于最低层次的公众参与，仅仅是指当权者教育和引导公众而使之接受和执行政府决策。告知、咨询和安抚是较低层次的参与。其中，告知是信息从政府单向流向公众；咨询则是当权者通过调查取得其所需的信息；安抚是允许公众提出建议和计划，使其能够产生一定影响，但决定权仍在当权者。伙伴关系、授权和公民控制属于较高层次的参与。其中，伙伴关系通过政府和公众协商实现权力的重新分配，授权是公众在协商中取得主导权，公民控制是公民全部掌控公共事务的进程。2009 年，Arnstein 对其提出的公众参与层次进行了修正，提出了数据收集、信息供给、咨询、参与、协作和委任六个层次，剔除了之前提出的操纵和治疗两个层次③。Pretty（1995）则将公众参与分为七个层次，分别为操纵性、被动性、咨询式、物质激励式、功能性、互动性和自我动员式，不同的参与层次代表了不同的公众控制程度和权力关系④。Wang（2001）将上述公

---

① 刘永功，刘燕丽，Remenyi J，等. 自然资源管理中的公众参与和性别主流化［M］. 北京：中国农业大学出版社，2012：72.

② Arnstein R S. A ladder of citizen participation［J］. Journal of the American Institute of Planners，1969，35（4）：215-224.

③ 约翰·C 托马斯. 公共决策中的公民参与［M］. 孙柏瑛，译. 北京：中国人民大学出版社，2010：78-79.

④ Pretty J. The many interpretations of participation［J］. Focus，1995（16）：4-5.

众参与层次归纳为形式参与和实质参与两个基本层次：形式参与是指公众被动参与，没有实质权力的参与，如操纵、信息收集、告知、咨询等；实质参与是指公众参与决策，各参与主体共同影响政策的制定和执行①。学者以集合性视角，从个体层次、组织层次和社会层次三个方面论述了对环境决策感兴趣或受环境政策影响的公众参与环境决策的参与层次②。以上对公众参与层次的论述都是基于将政府和普通公众置于权力的对立面而展开的，不同参与层次都离不开政府的作用，且无论哪一个参与层次政府与公众的建设性关系都是公众参与取得成功的关键因素③。

除了上述依据公众参与的阶梯理论提出的由低到高的公众参与层次，托马斯根据公共事务的性质、公众及其意见的特征等因素，提出了政府自主式管理、改良式管理、分散式协商、整体式协商和公共决策五种公众参与层次。与由低到高的递进参与层次有所区别，托马斯指出在具体实践中公众参与的层次可根据参与主体和参与客体的实际情况来进行具体选择，并不是所有公众都以相同的层次来参与。

根据前文所述的参与层次的划分，生物多样性保护的公众参与层次可以概括为信息公开、意见收集、民意支持、资源支持、协作和参与主体自主六个层次。其中信息公开、意见收集属于较低层次的被动参与，民意支持、资源支持属于中等层次的参与，协作、参与主体自主属于较高层次的互动性参与。一般情况下，公众参与层次越高，各参与主体能够获得的权力分享就越多，其对于参与的控制力和影响力就越大。在具体的生物多样性保护公众参与的实践中，参与层次的选择取决于参与客体和参与主体的构成和特征，以及参与主体和参与客体之间的利益相关度。实践中，生物多样性保护公共事务的参与主体可能是同一层次参与，也可能是多层次或分层次参与。因此，对于公众参与的层次有三种选择：部分公众参与，即根据实际需要选择部分公众参与；分层次参与，即参与主体的参与层次不同；整体性参与，即公众以相同层次参与。

3.2.2 参与式工具和方法

参与式工具和方法是指生物多样性保护中公众参与的途径和方法，即公众

① Wang X H. Assessing public participation in U. S. cities [J]. Public Performance and Management Review，2001，24 (4)：322-336.

② 钟兴菊，罗世兴. 公众参与环境治理的类型学分析——基于多案例的比较研究 [J]. 南京工业大学学报（社会科学版），2021，20 (1)：54-76，112.

③ Plein L C，Green K E，Williams D G. Organic planning：a new approach to public participation in local governance [J]. The Social Science Journal，1998，35 (4)：509-523.

实现参与所依托的技术手段。国外传统的参与式工具和方法是政府信息公开、公开咨询、听证会等。20 世纪 90 年代以后，参与式工具和方法逐渐多样化和专业化（如公民评审团、焦点小组、市民意见征询组、街区议事会等），并在越来越多的国家被实践应用①。国内的政府信息公开、重大事项公示、听证会等参与式工具和方法已经被纳入制度化参与范畴，一些新型参与式工具和方法（如民主恳谈会、农民议会、网络公民参与等）也得到了发展②。中央编译局比较政治和经济研究中心与北京大学中国政府创新研究中心共同编写了《公众参与手册——参与改变命运》，对参与式工具和方法作了具体概括，将参与式工具和方法分为两大类③：第一，分享信息的方式。具体有嵌入式广告、情况介绍会、重要信息联络、专家讨论会、专题报道、现场咨询、电话热线、广告亭、信息库、邮件列表服务、新闻发布会、报纸插页、新闻稿与新闻邮包、平面广告、印刷宣传材料、答复摘要、技术资料联系、技术报告、电视传播、网站传播等。第二，提供反馈的方式。具体包括意见收集表、基于计算机的民意测验、社区主持人、德尔菲法、面访调查、网络调查、电话调查、访谈、邮件调查和邮件问卷、居民反馈登记、肯定式探询、专家研讨会、公民陪审团、餐桌会议、电脑辅助会议、协商对话、协商民间测验、共识对话、举办活动、焦点对话、焦点小组、咨询小组、座谈会、听证会、专家委员会、参观与实地考察、网络会议等。

结合中国现行制度的相关规定以及本书提出的公众参与层次，中国生物多样性保护公众参与的参与式工具和方法见表 3-1。

表 3-1　中国生物多样性保护公众参与的参与式工具和方法

参与层次	参与式工具和方法
信息公开	信息库（信息中心）、公示、新闻发布会、媒体宣传
意见收集	个人访谈、专家意见调查、问卷调查、焦点小组、咨询委员会、座谈会、公开意见或建议征集、听证会
民意支持	公众会议、民意调查、公众评估、调解、公众培训、公众奖励
资源支持	捐献

① 蔡定剑. 公众参与——欧洲的制度和经验［M］. 北京：法律出版社，2009：26.

② 陈芳. 公共服务中的公民参与——基于多层次制度分析框架的检视［M］. 北京：中国社会科学出版社，2011：180-188.

③ 中央编译局比较政治和经济研究中心，北京大学中国政府创新研究中心. 公共参与手册——参与改变命运［M］. 北京：社会科学文献出版社，2009：163-176.

续表

参与层次	参与式工具和方法
协作	名义小组、协商会议[①]、联合工作小组、公众监督、举报
参与主体自主	志愿者行动[②]、社区或村民自治

目前，对于参与式工具和方法的应用主要表现在三个层面：其一，信息公开的参与式工具以及公众监督、举报的应用，这些工具和方法的应用在国家法律和政策中已经形成了相应的制度，如环境信息公开制度；其二，学术界对于生物多样性保护公众参与的研究所运用的参与式工具和方法；其三，在具体的生物多样性保护项目中，参与式工具和方法的运用实践。下面对实践中常用的参与式工具和方法加以详细介绍。

3.2.2.1　问卷调查

问卷调查既是一种常用的社会公共调查方法，也是一种常用的社会参与工具。具体方法是在实践中，就某一社会热点问题针对特定群体发放问卷，了解公众对社会公共事务的意见、看法，同时为公众提供表达诉求的途径[③]。问卷调查可以作为促进公众参与生物多样性保护项目设计和实施的有效方法，可以用在整个项目周期中。与其他的公众参与方法相比，问卷调查具有参与对象涵盖面广和投资经费相对少的特点[④]。问卷调查是一种书面调查方法，获得的调查结果的准确性、针对性不受调查执行者的直接控制。因此，为保证调查的结果和被调查者意见表达的准确性，必须对问卷调查的内容进行系统设计，具体步骤如下所述：

1. 确定调查对象

这一步包括对调查区域和具体调查对象的选择。调查区域的选择应针对具体的生物多样性保护项目，选择具有代表性的一个或多个社区。调查对象的选择应覆盖社区内部不同利益群体，如调查对象的性别、民族以及身份（包括管理人员、研究人员、居民、非政府组织人员、企业人员等）等，这些是选择调查对象时应考虑的主要因素。

---

① 协商会议是指政府在推行一项公共政策之前，就政策内容同自愿或抽签确定的当地公众代表进行协商，并以达成一致协议为目标。

② 志愿者行动是指参与主体基于公益性的目的参与生物多样性保护事务，其特征是志愿者本身并不是相应事务的直接受益者。

③ 刘永功，刘燕丽，Remenyi J，等. 自然资源管理中的公众参与和性别主流化［M］. 北京：中国农业大学出版社，2012：73.

④ 杨飞虎. 公共投资项目决策公众参与研究［J］. 学术论坛，2010，33（2）：93-99.

2. 确定调查内容

这一步包括了解调查对象对生物多样性保护相关知识的认知、确定具体项目的相关利益的主体、了解具体的项目实施对社区居民和其他个体产生的影响、了解相关的民意和诉求。

3. 设计问卷框架

第一部分，调查对象和区域的基本信息，通常包括性别、居住地、年龄、民族等内容。第二部分，问题的提出和备选答案的设计。第三部分，重要性的设计。

4. 实施问卷调查

关于生物多样性保护的问卷调查，很多需要在农村这类生物多样性丰富的区域展开，因而问卷发放多采用委托村委会成员发放的方式。对于居民文化水平普遍较低的区域，还需要进行面对面的问卷调查。对于城市居民，可以采用网络发放问卷的形式进行问卷调查，这样可以节约人力、财力。

5. 统计分析结果

调查问卷回收后进行统计汇总，根据主要问题的回答结果得出相应的结论，并撰写调查报告。向相关政府决策机构递交调查报告，作为生物多样性保护政策制定的依据。同时，可通过公共媒体公布问卷调查结果，提高公众对生物多样性保护的认知程度。

3.2.2.2 半结构访谈

半结构访谈是根据事先设计好的访谈提纲，进行开放、互动、非正式、讨论式的采访。半结构访谈可以在一般个人、主要知情者和群体之间展开。访谈的提纲或形式应根据所调查问题的不同而有所不同。通过半结构访谈，采访者可以发现受访者对一般的或敏感性问题的独特见解，还可能收集到一些一般公众访谈得不到的信息。访谈的成功，取决于受访者坚信其所提供的信息会被认真对待，这要求受访者对采访者具备一定的信任[①]。

半结构访谈得到的信息是问卷或其他结构式调查无法替代的。“结构”在这里就是指生物多样性保护政策关注的要点，只有在受访者对谈话的关注点有决策权的情况下，才能实现半结构访谈。半结构访谈也是实现公众参与的其他方法的基础。

为便于统计分析半结构访谈的结果，采访通常从提出问题开始，采用回答

① 刘永功，刘燕丽，Remenyi J，等. 自然资源管理中的公众参与和性别主流化［M］. 北京：中国农业大学出版社，2012：73.

“谁、何时、何地、过程、结果和影响”的一般程式[①]。这样便于与小组内其他人的访谈结果或采用其他方法得到的调查结果进行分析比较。在访谈过程中，采访者应当注意倾听，不要刻意诱导受访者说出自己希望得到的信息和答案；访谈过程中要注意观察和座谈相结合。采访者应避免使用专业语言，尽量使用本土化语言。

3.2.2.3 绘图类工具

绘图类工具是借助绘图方式促进公众参与的常用方法。绘图类工具常用于项目设计阶段的基线调查、项目的社会影响分析和资源禀赋分析。绘图类工具使用的是纸、笔、展示板等工具，操作简单灵活，表达直观、形象生动，有利于激励社区参与[②]。所绘图信息丰富，结果可以直接纳入设计报告作为后续监测评价的参考数据。

绘图类工具通常应用在项目的设计阶段，用以协助基线调查，目的是了解生物多样性现状即本底情况，包括保护的自然资源状况和与之相关的居民的情况。

1. 具体方法

(1) 地图法（Participatory Maps）：利用地图，对参与情况进行绘图说明。

(2) 日历法（Calendars）：利用日历描绘具体措施和受影响的因素随着时间的变化而产生的变化，共同探讨其中的因果关系。

(3) 图片/照片法（Photographs）：利用照片在公众参与中发挥信息交流和讨论的作用。

2. 具体步骤

组建社区资源踏查小组；选择踏查的对象和区域；进行社区踏查，了解现有自然资源的本底情况和居民利用情况；绘制踏查图，分析结果并制定保护措施。

3.2.2.4 分析类工具

生物多样性保护的公众参与过程，是对生物多样性现状和未来发展的理性分析和决策过程。生物多样性保护领域，往往受到复杂的社会文化、经济和环境等诸多因素的交叉影响，这给项目的设计者和参与者带来挑战。分析类工具为系统诊断这些问题并提出解决问题的方案提供了一系列方法。

分析类工具多为定性决策工具，便于群体参与，适合不同文化水平的对

---

① 中央编译局比较政治和经济研究中心，北京大学中国政府创新研究中心．公共参与手册——参与改变命运［M］．北京：社会科学文献出版社，2009：182.

② 刘永功，刘燕丽，Remenyi J，等．自然资源管理中的公众参与和性别主流化［M］．北京：中国农业大学出版社，2012：81.

象。分析类工具能清楚体现利益相关方的目标、责任和利益，为参与群体提供决策、利益谈判和互相沟通的机会。

分析类工具多用于问题分析、利益相关群体分析以及项目干预措施的分析。

1. 问题分析（问题树）

问题分析是采用直观展示方法，以“负面描述”的方式描述项目区域、社区、特定的利益群体及与项目相关的政府机构和部门现状的分析工具。其适合用于社区内居民的小组访谈和特殊利益相关人的访谈。

作为一种公众参与式工具，问题分析被用来对现实中存在的问题进行逻辑分析，描述人们对现实问题的认识和逻辑反映。能否准确有效地开展问题分析的前提是参与者对实际情况的了解是否深入，因为来自不同层次的参与者对同一问题的认识和看法会有不同，不同的人对同一事实的了解深度会有不同，这些都会直接影响问题分析的结果。

进行问题分析的步骤通常从提出“核心问题”开始，然后分别对核心问题导致的一系列问题和原因进行逐一追溯。具体的做法是先以“头脑风暴，集思广益”和书写卡片的方式请社区内的参与者提出问题并分析原因；再由访谈主持人对这些问题和原因进行分类，并建立这些问题领域与核心问题的因果关系。导致核心问题的原因要放在核心问题的下方，由于核心问题的存在导致的后果则放在核心问题的上方，这样就形成了以核心问题为主干的“问题树”，其根部的原因是“树根”，其上部的后果是“树冠”。

2. 利益相关群体分析

利益相关群体是一种在其成员所持有的共同态度的基础上，对社会上其他集团提出某种要求的团体，是在物质利益和经济利益方面地位相近的人构成的群体①。利益相关群体分析是一种确定项目全过程涉及的相关各方并明确他们在项目中的利益、权利和义务，从而使项目能够更加有效地运作的方法和过程。项目相关各方是指一切能够对项目产生影响或者被影响的个人、机构、企业、政府部门和非政府组织等。利益相关群体分析的目的是解决利益各方的利益冲突，在各方都能承受的条件下，协调冲突，达成一致，保证生物多样性保护项目的实施。利益相关群体分析也是公众参与协议保护机制的基础。图 3－2为生物多样性保护项目的利益相关群体分析的操作步骤。

① 李欣，白建明. 协议保护项目中不同利益群体的角色定位研究——基于李子坝协议保护项目的实践探索 [J]. 生态经济，2012 (11)：165-170.

第一步，利益相关群体的识别，与项目相关的任何个人或群体都包括其中

↓

第二步，利益相关群体的分类，根据利益各方所受到的影响进行分类

↓

第三步，分析各利益相关群体在生物多样性保护项目中的作用

↓

第四步，分析生物多样性保护项目对各利益相关群体的影响

↓

第五步，确定项目实施中应采取的避免冲突和负面影响的措施

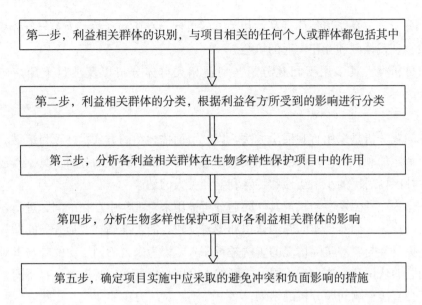

图 3-2　生物多样性保护项目的利益相关群体分析的操作步骤

生物多样性保护项目的利益相关群体分析的具体操作方法主要有编制利益相关群体分析矩阵表，具体参见表 3-2。

表 3-2　生物多样性保护项目的利益相关群体分析矩阵表

利益相关群体	职能	相关影响	保证参与的措施
政府机构	代表政府保护自然资源并实施项目	资源可持续利用	采用参与式工具和方法制定管理政策和规划项目
社区管理部门	项目实施的基层管理部门	自然资源使用权受限，得到生计补偿	组织集体行动
社区居民	资源使用者	使用资源的方式被改变，或受到负面影响	充分协商，提供必要的补偿，保证经济条件较差人口的收益
企业	商业开发和利用自然资源	在资源使用中获得商业利润	由政府部门主持，企业和社区达成资源使用的共识
科研机构	管理政策的信息、技术研发者	推广科研成果	聘请专家共同参与政策的制定
民间环保组织	生物多样性保护的倡导者	宣传生物多样性保护和资源可持续利用的理念	平等合作
……	……	……	……

3. 项目干预措施的分析

项目干预措施的分析通常采用矩阵法（Participatory Matrix），即将公众对不同管理措施对社会、经济、环境产生的影响的不同看法以矩阵表的方式进行编制描述。表3—3适用于简单分析将会对项目干预措施产生影响的因素。

表3—3 项目干预措施及其受影响因素分析矩阵表示例

受影响的因素	措施1	措施2	措施3	……
受影响的因素1				
受影响的因素2				
受影响的因素3				
……				

对于项目干预措施的分析可以采用“优势—劣势—机遇—风险”（Strength-Weakness-Opportunity-Threat，SWOT）矩阵分析方法，详见表3—4。SWOT矩阵分析通过设计一个多行5列的矩阵表，分析各项目干预措施的优势和劣势，以及采取这种措施的有利条件（机会）和风险，最后通过比较分析结果，选择最优的项目干预措施。

表3—4 项目干预措施的SWOT矩阵表示例

项目干预措施	优势	劣势	机遇	风险
措施1				
措施2				
……				

对于项目干预措施的可行性分析，通常也可以借助矩阵表，以此为与项目干预措施相关的不同社会群体的参与提供互动平台。但是，项目的可行性分析通常由项目设计专家和项目评估专家负责，社区居民一般不参加。利用矩阵表对项目干预措施的可行性进行分析可以安排在项目设计的社区调研阶段、项目规划阶段的多利益主体的磋商谈判阶段。矩阵表的具体设计见表3—5。

表3—5 项目干预措施可行性分析矩阵表示例

项目干预措施	社会可行性	经济可行性	技术可行性	生态可行性
措施1				
措施2				
……				

3.2.3 方法培训机制的构建

首先，对相关的公众参与主体进行培训，使其了解和掌握参与式工具和方法。

根据生物多样性保护项目的特点（即项目的制定和实施通常涉及多个领域和政府部门），确定参与项目设计和实施管理的人员，他们是公众参与方法培训机制的主要对象，主要包括：

（1）负责生物多样性保护项目的项目官员（是公众参与的主持者，负责整个项目设计和实施的公众参与）；

（2）环保局负责项目设计和实施的相关处室的相关人员；

（3）农业农村部、林业局相关处室的项目官员；

（4）自然保护区管理局的项目官员；

（5）地方环保组织人员；

（6）社区的相关人员（可以是村委会的成员，也可以是社区推选的其他人员，作为社区参与的代表，主要为当地人提供自然资源相关知识和传统技术的教授）。

要求以上人员深刻理解生物多样性保护公众参与的理念，认识公众参与的必要性；改变项目设计中传统的“自上而下”的理念，熟练掌握促进和协助公众参与的重点工具和方法，并能在实际的项目设计中熟练操作和使用。

其次，采取适当的培训方法，促进参与项目设计和实施管理的人员熟练掌握具体的参与式工具和方法。具体的培训方法有：

（1）课堂讲解。由培训人员在课堂上详细讲解具体的参与式工具和方法，并通过案例分析加深被培训人员对其的理解。

（2）课堂练习。在课堂上进行场景模拟，由培训人员组织被培训人员练习参与式工具和方法的运用。

（3）实地练习。选择具体的生物多样性保护项目，由培训人员组织被培训人员到社区进行公众参与方法的实地演练。

（4）总结交流。通过讲解和实地演练，由培训人员组织被培训人员交流练习过程中得到的经验和存在的不足之处，加深对参与式工具和方法的理解并完善其应用。

在进行方法培训和实地的公众参与练习过程中，应遵循以下原则：

第一，重视当地传统知识和技术，了解当地人对自然资源的理解；第二，重视民众的意愿和需求；第三，重视相关利益群体之间的沟通和相互的利益认可；第四，重视拟采取的发展措施对当地民众生计的影响①。

在一定范围内实施具体的生物多样性保护项目，当地基层部门需要相当数量的熟练掌握参与式工具和方法的参与协助者。但是对他们采用全国统一培训的方法有一定难度，因此，可以对他们采用层级递进培训的方法。具体操作是由各部委聘请公众参与培训专家培训省级部门的人员，省级部门接受培训的人员培训县级的项目官员，再由县级的项目官员直接参与生物多样性保护项目的设计并指导培训乡镇或社区的技术人员。

了解目前政府部门人员和其他相关参与主体对生物多样性保护领域的参与式工具和方法的熟悉程度及认可程度，以及公众参加方法培训的意愿强弱，对于生物多样性保护公众参与方法培训机制的构建至关重要。由于政府在公众参与中起引导作用，因此政府对公众参与的约束程度判断至关重要。为了避免因政府部门人员对参与式工具和方法的熟悉程度低、政府的投入约束较大而无法保证公众参与活动的有效组织和实施，需进一步考虑政府部门人员对相关参与式工具和方法的熟悉程度和政府实施这些参与式工具和方法存在的投入约束程度（即实施相应公众参与活动需要政府投入的资金、时间等约束程度）。

因此，提出如下问题：

问题1：普通公众对参与式工具和方法的熟悉/认可程度。

问题2：政府部门人员对参与式工具和方法的熟悉程度。

问题3：公众参与方法培训的意愿。

问题4：哪些机构需参加公众参与方法培训。

本书的案例研究部分将进一步探讨以上四个问题，为生物多样性保护方法培训机制的构建提供可行建议。

总之，将公众参与落到具体实践，提高效率，加强具体方法的培训，是实现公众参与、促进生物多样性保护的必要机制。建议制定生物多样性保护领域的《公众参与的工具和技术细则》作为《环境保护公众参与办法》的补充，为生物多样性保护的公众参与提供具体的方法技术指导。

3.3 生物多样性保护公众参与的公众科学机制

3.3.1 基本概念

公众科学（Citizen Science）也称为公众参与式科学研究（Public

---

① 刘永功，刘燕丽，Remenyi J，等. 自然资源管理中的公众参与和性别主流化［M］. 北京：中国农业大学出版社，2012：73.

Participation in Scientific Research)，指包含了非职业科学家、科学爱好者和志愿者参与的科研活动，其范围涵盖科学问题探索、新技术发展、数据收集与分析等①。不同于传统科研项目，公众科学项目一般由公众和科学家合作发起，以公众广泛参与为鲜明特征②。

随着信息和互联网技术的发展，公众科学项目对于传播科学知识、提高公众对科学的理解发挥着越来越重要的作用，并直接影响着政府的管理和决策行为③。因此，本书所探讨的公众科学机制是指政府、科学家、普通市民共同参与生物多样性保护科学研究的机制。

公众科学虽是一个较新的术语，但其社会实践早已存在，尤其是在一些欧美国家有着相当长的发展历史。事实上，20 世纪之前的科学活动大部分是由兴趣爱好主导的④，如果没有 18 世纪之前的植物学爱好者收集的大量植物标本，就没有经典植物分类学的奠基人卡尔·林奈（Carl Linnaeus）发展和完善植物分类系统的可能。另外，在农业、林业和畜牧业生产中，公众也积累了大量有科学研究价值和应用价值的数据⑤。

面对全球气候变暖、环境污染、生物多样性损失等环境问题，政府要制定合理的政策，这依赖于科学家对这一系列问题的状况和变化的了解，依赖于高质量的科学数据的获取⑥。然而，收集和整理数据，往往需要耗费科学家大量的时间和精力，有些数据甚至是无法获得的。如果公众能够参与到科学数据的收集、整理和分析中来，将会成为一个有效的补充。

中国的生物多样性保护还存在生物多样性本底不清的问题。例如青海三江源地区的野生动物保护中提出，雪豹是藏族传统文化中非常神圣的物种，但对于雪豹重要栖息地的本底数据不足。而当地居民参与生物多样性本底调查可以帮助获得相关科学信息，为生物多样性保护政策的制定提供依据。

---

① Miller R A，Primack R，Bonney R. The history of public participation in ecological research [J]. Frontiers in Ecology and the Environment，2012，10 (6)：285-290.

② Silvertown J. A new dawn for citizen science [J]. Trends in Ecology and Evolution，2009，24 (9)：467-471.

③ Shirk J，Ballard H L，Wilderman C C，et al. Public participation in scientific research：a framework for deliberate design [J]. Ecology and Society，2012，17 (2)：183.

④ Porter R. Gentlemen and geology：the emergence of a scientific career，1660-1920 [J]. The Historical Journal，1978，21 (4)：809-836.

⑤ 张健，陈圣宾，陈彬，等. 公众科学：整合科学研究、生态保护和公众参与 [J]. 生物多样性，2013，21 (6)：738-749.

⑥ Hampton S E，Strasser C A，Tewksbury J J，et al. Big data and the future of ecology [J]. Frontiers in Ecology and the Environment，2013，11 (3)：156-162.

公众科学在生物多样性监测方面具有得天独厚的优势，是监测稀有物种和入侵物种的有效途径。如通过消失的瓢虫计划（The Lost Ladybug Project），人们发现了被认为灭绝的物种九星瓢虫（Coccinella Novemnotata）[①]。在美国芝加哥，650 多名志愿者对 233 种珍稀濒危植物的 990 个种群进行了监测。Gallo 和 Waitt 利用得克萨斯入侵物种（The Invaders of Texas）公众科学项目所收集的数据来监测入侵植物分布区和分布范围的变化[②]。同样，公众科学还能为履行《生物多样性公约》提供有用数据。如在法国，因履行《生物多样性公约》，需提供“选定物种丰度和分布的变化趋势”数据，该项数据全部由公众科学项目提供[③]。另外，公众科学项目也能够监测大型工程如高速公路对野生动物活动可能造成的影响[④]。

3.3.2 公众科学的发展现状

一些欧美国家进行公众科学领域的相关研究已有相当长的历史，在以博物学、考古学、天文学等为代表的研究领域，出现了一些大范围的公众科学长期项目，并获得了迅猛发展。例如，美国国家气象局（National Weather Service）的合作观察者项目（Cooperative Observer Program）从 1890 年开始收集天气数据，在过去的 120 多年里，来自这个项目的数据已被广泛用于天气预报、天气监测、极端天气预警和气候变化等研究。创立于 1900 年的奥杜邦学会（National Audubon Society）的圣诞节鸟类调查（Christmas Bird Count，CBC）截至 2012 年已经进行了 113 次；从 1900 年到 2012 年，参与人数从 27 人发展到 6 万多人，调查区域从 25 个增加到 2200 多个。创立于 1966 年的北美繁殖鸟类调查（Breeding Bird Survey，BBS）计划也是一个长期、大尺度、多国合作的鸟类监测项目，主要跟踪调查北美繁殖鸟类种群的分布格局与数量变化。据 2015 年 BBS 发布的北美鸟类监测报告，BBS 计划在北美大陆已有 4500 多条固定样线，记录了 400 多种鸟类；调查所得的原始数据包含了 420

---

① Losey J E，Perlman J E，Hoebeke E R. Citizen scientist rediscovers rare nine-spotted lady beetle，Coccinella novemnotata，in eastern North America [J]. Journal of Insect Conservation，2007，11 (4)：415-417.

② Havens K，Vitt P，Masi S. Citizen science on a local scale：the Plants of Concern program [J]. Frontiers in Ecology and the Environment，2012，10 (6)：321-323.

③ Levrel H，Fontaine B，Henry P Y，et al. Balancing state and volunteer investment in biodiversity monitoring for the implementation of CBD indicators：a French example [J]. Ecological Economics，2010，69 (7)：1580-1586.

④ Lee T，Quinn M S，Duke D. Citizen，science，highways，and wildlife：using a web-based GIS to engage citizens in collecting wildlife information [J]. Ecology and Society，2006，11 (1)：11.

种鸟类的趋势估计等资料①。

最近20年间，信息和互联网技术极大地促进了公众科学的发展。通信工具、交通工具、互联网、移动计算机等技术变革使得科学家、相关爱好者和志愿者能够更加容易地收集和整理数据，科学家和公众能够更方便地进行交流与合作。截至2021年6月，著名公众科学网站“www. citizenscience. org”注册的生态学和环境科学相关领域的项目超过2000个，研究内容涉及动植物监测、入侵物种调查、大气质量调查、水质量调查、气候变化监测等。

公众科学的迅速发展吸引了学术界的密切关注。2012年8月，在美国举办的“科学研究中的公众参与”会议吸引了大约300名各行各业的参与者，被视为公众科学发展的里程碑②。随后，*Frontiers in Ecology and the Environment* 以专刊的形式系统地总结了公众科学在生态学研究中的历史、贡献、存在的问题和未来的方向，指出公众科学的时代已经来临③。公众科学在基础研究和应用研究领域得到了广泛的运用和发展。在生态学、环境科学研究领域，为生态监测、环境基线调查、环境危机管理提供参考信息④。公众科学不仅被广泛运用到单一环境问题（如环境污染源调查）的研究⑤，在综合的复杂的环境问题（如气候变化和全球物种迁徙等）方面也得到了广泛关注⑥。

与一些欧美国家相比，中国在公众科学项目的设立、开展和延续方面还存在很大差距，这对中国相关领域科学研究工作的开展广度和深度产生了较大影响。近年来，随着中国经济水平的提高、互联网和数码相机的普及，越来越多的社会公众参与到野外观察、数据采集和分享工作中，并建立了各种自然生态

---

① The Noth American Breeding Bird Survey [EB/OL]. [2021-06-01]. http://www. pwrc. usgs. gov/bbs/bbsnews/FactSheets/.

② Benz S, Miller-Rushing A, Domroese M, et al. Workshop 1: Conference on Public Participation in Scientific Research 2012: an international, interdisciplinary conference [C]. The Ecological Society of America, 2013, 94 (1): 112-117.

③ Henderson S. Citizen science comes of age [J]. Frontiers in Ecology and the Environment, 2012, 10 (6): 283.

④ McKinley D C, Miller-Rushing A J, Ballard H I, et al. Citizen Science can improve conservation science, natural resource management, and environmental protection [J]. Biological Conservation, 2017 (208): 15-28.

⑤ Peters C B, Zhan Y, Schwartz M W, et al. Trust land to volunteers: how and why land trusts involve volunteers in ecological monitoring [J]. Biological Conservation, 2017 (208): 48-54.

⑥ Forrester T D, Baker M, Costello R, et al. Creating advocates for mammal conservation through citizen science [J]. Biological Conservation, 2017 (208): 98-105.

类论坛。中国的生态学家和保护生物学家也在积极地推动公众科学的开展①。国内建立了中国公众科学项目平台（China Citizen Science Central），其公众科学项目主要包括鸟类和植物的监测两个方面。

自2002年起，中国观鸟记录中心（http://www. birdreport. cn）开始组织观鸟爱好者观测并记录鸟类活动。在每份记录中，都包含了观测地点、观测日期、记录者、观测者、天气状况、观测装备、环境与路线以及详细的鸟种信息。鸟种记录包括鸟种编号、中文名、拉丁名和个体数，有些记录还附有照片、音频或视频。每条观鸟记录都经过鸟类专家的整理和审查，以保证准确性。许多省市都成立了观鸟协会，一些植物、昆虫、两栖动物和爬行动物爱好者建立了自己专门的网络论坛以便交流。

自20世纪90年代起，网络信息技术在中国逐渐普及，公众参与植物多样性调查监测的新平台陆续建立起来。全国各地的网友利用数码摄影技术进行野外观察和记录，以论坛平台进行交流和资料积累的公众参与新模式逐渐兴起。进入21世纪后，网络和数码相机更加普及，这种模式迅速推广，出现了很多全国性、地区性的论坛，参与互动的网友数量也迅速增加，形成了公众科学的良好的群众基础。

3.3.3 公众科学机制的构建

随着经济的高速发展，中国面临环境污染、生境破坏、生物多样性丧失等生态环境问题，为有效应对和解决这些问题，除依赖政府和科学家的力量，整合科学研究、生态保护和公众参与的公众科学无疑是一个有效途径②。与一些欧美国家近百年的现代公众科学发展历史和现状相比，中国的公众科学存在起步晚、参与度不高、数据质量管理和整合能力不足等问题。随着公众经济水平、受教育程度、对生态环境问题的关注度以及网络参与度的提高，中国开展公众科学活动的时期已经到来。但由于缺乏统一的组织、培训、数据整合和输出，到目前为止，仅有极少的数据可以被运用到科学研究、政府决策和管理工作中来。

目前，中国的公众科学较为典型的问题是数据共享不足，科学家与公众缺乏交流与合作。在一些欧美国家，大部分成功的公众科学项目的数据是完全或

---

① 斯幸峰，丁平. 欧美陆地鸟类监测的历史、现状与我国的对策［J］. 生物多样性，2011，19（3）：303-310.

② 张健，陈圣宾，陈彬，等. 公众科学：整合科学研究、生态保护和公众参与［J］. 生物多样性，2013，21（6）：738-749.

部分公开的。数据公开对科学研究、科学知识的传播、科普教育等起着积极的促进作用。然而，中国公众科学项目的数据还缺乏透明性，这也限制了公众科学项目的开展和持续发展。另外，缺乏有效的学术支持机制和资料更新机制，这也是制约中国公众科学发展的一个重要因素。

综上所述，中国生物多样性保护公众参与的公众科学机制可以从以下几个方面来加强建设。

首先，加强生物多样性保护的公众教育是公众科学机制的重要内容。这包括对生物多样性知识的宣传和引导，对志愿者的培训；强化生物多样性教育，鼓励公众参与，即通过学校教育、新闻出版、传播媒介、社会实践等途径，强化对公民的生物多样性意识教育，鼓励公民积极参与生物多样性保护项目。尤其是引导当地居民对当地生物多样性及其保护的关注和参与，其中，对青少年、妇女以及少数民族在生物多样性保护中的引导尤为重要。具体做法：

一是建立社区教育的模式。在社区设立宣传咨询点，作为科研机构、自然保护区、政府相关部门的社区联系站，同时也是社区居民民意反馈的平台。该宣传咨询点负责生物多样性保护知识的宣传，协助对社区居民生物多样性意识的调查；经常性地组织活动，由科研机构、自然保护区或政府相关部门工作人员担任社区咨询员，定期普及和宣传生物多样性保护方面的知识。

同时，开展一些与生物多样性保护相关的社区宣传活动。以每年的 5 月 22 日——“国际生物多样性保护日”作为重点宣传日，让媒体参与到生物多样性保护的宣传中。

二是将环境保护加入学校教育课程，依托自然保护区、动物园、植物园、森林公园、标本馆和自然博物馆，对学生展开生物多样性保护的相关教育，使人们从小培养生物多样性保护意识，并形成生态伦理价值观。

其次，建立公众、政府、科学家之间的信息共享平台。针对具体保护目标建立交流平台，让所有利益相关群体知晓和参与信息的交流和反馈。信息共享平台可以是针对某一生物多样性热点区域建设的生物多样性信息本底调查平台，也可以是针对某一具体保护物种建设的监督保护平台。总之，应当让政府、科研机构以及其他公众充分了解中国生物多样性保护所涉及的科学信息。生物多样性保护中出现的问题是动态变化的，科研机构不能永远保持与管理者遇到的问题同步①。加上科学研究成果还有漫长的发表期，这加剧了研究的滞

① Linklater W L. Science and management in a conservation crisis: a case study with rhinoceros [J]. Conservation Biology, 2003, 17 (4): 968-975.

后性[①]。信息共享平台可以为科学家、决策者和其他利益相关群体提供实时的信息共享、交流合作的渠道，同时还可以为大众提供科普平台。

目前，世界一些国家和地区已经成立了一些促进科学家与决策者之间交流合作的组织（Boundary Organizations），这些组织在促进科学发展、政策的制定和实施以及科学家和决策者之间的沟通上起到了积极作用。比如，美国、加拿大和拉丁美洲地区建立了基于生态系统的管理网络工具（Ecosystem-Based Management Tools Network）。这为具体的决策过程提供了自然科学和社会科学的相关信息，同时为生物多样性保护实践提供了相关的培训和宣传，也为当地人民提供了参与平台[②]。

再次，开展由政府相关管理机构主导的生物多样性保护项目。科学研究在很大程度上被人们想发现事物本质的渴望所推动，正如 Sutherland 等（2011）认为的，科学由好奇心推动，其结果为科学的应用提供原始的资料，但其结果的应用也具备不可预见性[③]。因此，开展由政府相关管理机构主导的生物多样性保护项目，可以保证科学研究的内容是符合政府决策的。

最后，加深参与主体对公众科学的认知是实现公众科学机制的基础条件。本书第 5 章将通过案例研究，了解公众对参与公众科学的意愿和当地公众科学的发展现状，并根据研究结果提出在当地构建公众科学机制的可行性建议。

3.4 生物多样性保护公众参与的协议保护机制

3.4.1 基本概念

协议保护机制（Conservation Concession Agreement，CCA）是在特许权的基础上发展起来的一种生态保护与自然资源开发利用的契约关系。所谓特许权就是资源所有权或管理部门把某区域内特定资源的管理权利让渡给企业、社会团体或者个人，允许他们在资源管理目标下从事相关的商业活动，并从商业收入或利润中支取一定比例的费用用于购买资源所有权或缴纳给管理部门。协议保护机制通过资源的保护方与使用方签署以保护为目的、兼顾开发利用的合作协议，吸纳公民参与生态保护。协议保护机制通过明确和平衡“资源开发、

① Meffe G K. Editorial：Crisis in a crisis discipline [J]. Conservation Biology，2001，15（2）：303-304.

② Possingham H P，Mascia M B，Cook C N，et al. Achieving conservation science that bridges the knowledge-action boundary [J]. Conservation Biology，2013，27（4）：669-678.

③ Sutherland W J，Goulson D，Potts S G，et al. Quantifying the impact and relevance of scientific research [J]. Public Library of Scinece ONE，2011，6（11）：1-10.

社区发展与生态保护”中政府、企业、社区以及个人之间的责、权、利关系，实现保护与发展兼顾的可持续目标。

协议保护机制包括以下五个要素：

(1) 特许保护权，是指某特定区域的自然资源所有方拥有的以保护为目的的资源管理权利。

(2) 付费，是指保护方向资源所有方购买特许保护权的费用。保护方按照协议支付费用，购买一定区域内自然资源的保护权，以替代以前的资源开发权。

(3) 保护资金，是指可以用于协议保护机制的资金来源。其一般包括政府转移支付的资金、企业生态补偿资金，以及来自国际的环保项目资助、国际碳融资等。

(4) 保护期限，是指协议规定的保护时间范围。协议保护机制的保护期限长短取决于保护经费或者协议保护项目经费的多少。

(5) 监测，分为保护效果的监测和项目资金使用管理的监督。保护效果的监测主要对协议保护区域的生物多样性和生态状况的变化进行报告，其重要功能是对保护的指标和标准体系提出要求。

协议保护机制适用于对森林、草原、海洋等不同生态系统的保护，根据不同区域的经济、政治、文化特点，政府、企业、非政府组织和社区居民可能作为协议的甲方或乙方参与保护行动。协议保护机制是促进生物多样性保护公众参与的有效机制。

协议保护机制项目的主体包括共同管理模式下的倡导者、支持者和实施者。政府和社会组织是倡导者和支持者，其主要职责是选择和确定项目，规定目标和任务，提供与项目有关的资金、物资和技术服务。社区居民作为实施者，与政府和社会组织共同参与项目计划。倡导者和支持者对协议保护机制项目的进展情况进行指导、服务和监督；支持者对协议保护机制项目的实施情况进行监测和评估。

具体做法上，协议保护机制项目是由国家部门及其他同意保护自然生态环境的投资方（甲方）以协议的形式鼓励保护者或当地的社区居民（乙方）实施保护行为，并依据行为成效而获得补偿或回报的生态补偿模式。协议保护机制项目的操作流程包括选点、可行性分析、缔约、设计协议、协议协商、实施、监测、再协商、项目扩展及形成可持续机制。

3.4.2 协议保护机制项目举例

目前，协议保护机制在全球的生物多样性保护领域得到了广泛实践。首先将协议保护机制引入生物多样性保护领域的是保护国际基金会（Conservation International，CI），其作为主要从事生物多样性保护的国际非政府组织，开展的协议保护机制项目已遍布全球 14 个国家和地区，签订了 51 份保护协议，让 1500 万公顷的生态热点区域得到保护，35000 人从中受益。2000 年，保护国际基金会首次在秘鲁尝试协议保护机制项目，随后在圭亚那、危地马拉以及墨西哥等国扩大尝试范围。在最初的尝试阶段，与保护相关的特许权包括没有任何经营活动的保护权、依据森林生态保护要求的特许经营权、依据森林可持续经营的特许采伐权等。2005 年，在美国布莱蒙基金会和保护国际总部的支持下，非政府组织——全球环境研究所和保护国际基金会在中国的四川、青海等地尝试开展协议保护机制项目，与青海省三江源国家级自然保护区、四川省丹巴县和平武县签订了中国第一期协议保护项目，以此在草原与森林的不同文化与生态环境下推动协议保护机制在中国的实践。这些不同尝试为协议保护机制提供了不同国家和地域的实践经验。

3.4.2.1 秘鲁的协议保护机制项目

秘鲁是第一个实施协议保护机制项目的国家，并于 2000 年将协议保护机制写入了国家森林法。秘鲁第一个特许保护权由一个当地的环境保护组织——亚马逊保护协会（Amazon Conservation Association，ACA）购得。该协议保护机制项目的保护对象是面积为 13.5 万公顷的森林，保护期为 40 年。项目运行前 5 年共投入经费 500 万美元，目标是保护曼奴国家公园附近的生物多样性。

3.4.2.2 圭亚那的协议保护机制项目

2002 年启动的圭亚那协议保护机制项目，是保护国际基金会与圭亚那政府签署的对面积为 8 万公顷的森林的保护协议。保护国际基金会共投入 20 万美元，获得了 30 年的保护期，目标是保护一个圭亚那热带野生动植物走廊带。该项目的全部投入中，有 4.6 万美元用于森林资源清查；有 3 万美元用于巡护培训；以 1 万美元/年建立社区基金，用于周边社区的生计项目；有 4.1 万美元用于向政府购买特许保护权。这部分资金替代了这片森林的木材采伐企业原来必须向政府支付的购买采伐权的费用，使这片森林得到保护。

3.4.2.3 危地马拉“Uaxactún”地区的协议保护机制项目

“Uaxactún”地区位于玛雅生物圈保护区内，当地村民以采集一种竹节椰属（Chamaedorea）的棕榈树树叶[①]为生。1999 年，危地马拉保护区管理委员

---

① 当地人称之为“Xate”，欧洲鲜花市场常用其来做鲜花配材。

会将“Uaxactún”村周边83558公顷森林25年的管理权给予了当地社区组织OMYC，由OMYC支付租金和木材/非木材利用税。由于受到市场利益的驱动，当地的森林环境遭到严重破坏，且社区组织抱怨无法支付租金。2009年起，危地马拉国家保护区委员会（Consejo Nacional de Areas Protegidas，CONAP）、国际野生生物保护学会（WCS）、保护国际基金会和OMYC合作在“Uaxactún”村开展协议保护机制项目。协议规定：在社区履行不砍伐不放牧、防止森林火灾、不毁林开荒以及保护珍稀物种的承诺的前提下，帮助村民种植这种棕榈树，并帮助社区以高于当地市场价2美分/叶的价格对接市场。这一项目的开展使村周边83558公顷森林（珍稀物种栖息地）得到保护，有250名村民从棕榈树种植和销售中直接获益；同时，OMYC得以持续性支付该区域租金。为此，危地马拉总统于2014年特意来到小村，以表彰当地村民对保护森林所做的贡献。

3.4.2.4 墨西哥的协议保护机制项目

墨西哥实施了两个协议保护机制项目：第一个项目为期15年，是对2400公顷的天然林的保护项目。这是一个计划内的采伐区，由5家非政府组织联合向采伐企业支付50%的木材采伐预期收益，采伐企业让渡采伐权给非政府组织，使其转变为保护权。第二个项目是对生活在一个面积为56259公顷的保护区的居民提供激励机制。该地区居民因当地建立保护区而丧失了很多获取收益的机会，包括出售采伐权。2000年，该协议保护机制项目启动后，土地所有者退还采伐权，并保证该地区居民每年可获得12美元/公顷的补偿。这笔补偿费用由帕卡德基金会和墨西哥政府支付。该项目的管理和运行由世界自然基金会（WWF）墨西哥办公室负责，政府协助禁伐的执行。

3.4.2.5 中国的协议保护机制项目

中国首个协议保护机制项目由全球环境研究所（Global Environmental Institute，GEI）于2005年12月启动。GEI与四川宝兴蜂桶寨国家自然保护区签署了对面积为7156公顷的保护区的保护协议，共投入19.8万美元，保护期为10年。该项目的目标是缓解由保护区周边社区经济发展及企业开发引发的生态冲突，在大熊猫的核心保护区与周边地区建立生态走廊。该项目除了由GEI提供资金，当地水电企业还以生态补偿的方式资助了3万美元，当地政府补助了5万美元。这些资金主要用于社区生计项目和生态恢复。

3.4.3 协议保护机制对公众参与生物多样性保护的推动

协议保护机制是保护区的管理部门、林业部门等政府机构将生态资源的管理权、保护权等让渡给当地的社区居民，以生态补偿等方式激励居民保护资源，且通过签订协议规定双方的权利和义务，由国际组织提供资助，科研机构、民间环境保护组织、企业等多方参与的新型生态资源保护模式。其与传统保护模式最大的区别是有多个利益相关群体共同参与生态环境的治理，目的是推动社区和社会多方力量参与生态资源保护，提高参与者保护资源的能力，使整体保护效能最大化，从而推动经济、社会、自然资源和环境的和谐共处与可持续发展。

经过探索和实践发现，由政府、企业、社区、个人和非政府组织构成一个利益相关群体，是解决全球自然资源保护与经济发展造成的开发利用之间矛盾的有效途径；其可以充分根据利益相关方所具有的资源和优势，保护生态系统，培育生态功能。在协议保护机制下，利益相关群体是参与主体，其以生态资源保护为目的和纽带，在吸纳非政府组织和农村社区参与的基础上，通过积极协同、有序参与、互惠互利的网络化互动合作方式使整体的保护效能得到最大限度的发挥。从长远来看，协议保护机制开辟了一条新途径来吸引社会力量参与生态资源保护，并促进各种社会资源和资金的投入，这在缓解政府的生态保护职能压力的同时产生了效益的扩大化，即溢出效能。

3.4.3.1 企业参与

企业常常扮演自然资源直接开发方的角色。企业从环境系统获取物质资料和能源等生产要素，在生产过程中往往对环境系统产生负效应，乃至对消费群体以及子孙后代产生负效应。这种负效应不仅指生产过程中的温室气体和污染物排放，还包括对生态系统和生物多样性造成长期的负面影响。因此，全球生态文明治理制度要求企业为这种负效应买单。企业消除外部负效应的方式有两种：一种是企业自己控制排放或者承担生态恢复责任；另一种是企业缴纳环境税，由政府统一组织进行环境治理。目前，彻底消除环境破坏，把负效应全部内部化还不可能实现，但企业拿出部分利润来承担生态保护费用，购买特许保护权是合理和可行的。

3.4.3.2 政府参与

政府作为一个独立的利益相关群体，要依据国家环境保护方面的法律法规和政策管理协议保护区的自然资源和社会资源，并拥有对当地发展的决策权。生态环境提供着生命支持系统，是维持人类生存发展的基础。在对生态环境的价值评估当中，环境服务经常被视作公共物品来对待，这意味着环境产品需要由政府相关部门提供。许多情况下，环境产品由于消费的非排他性和稀缺性，在消费过程中会出现哈丁的“公地的悲剧”，当所有的个体都从利益的最大化出发消费环境产品时，就会自食生态退化的恶果。政府解决生态环境问题的方法通常有两种：一种是通过法律法规和政策约束环境破坏行为。但是这些法律法规和政策的执行及监督成本相对较高，并且多数情况下很难实施。另一种是通过税收等经济手段，控制和引导经济发展。这种方法可以平衡由于过度发展带来的环境破坏。

在协议保护机制项目实施过程中，政府放权给当地的社区居民或者其他保护群体，让其他利益相关群体能真正参与到项目当中来；政府与其他利益相关群体通过平等协商，制定并实施协议保护规划，使当地生态环境得到改善，实现可持续发展。

3.4.3.3　社区参与

森林、土地等自然资源是社区居民世代赖以生存的基础，社区养护着生态资源，却遭受着经济体系中最不公平的待遇——全社会都在无偿消费生态产品。在全球40亿公顷的森林中，至少有4亿公顷的森林与15亿人口的生存息息相关。然而，生存在森林中的社区居民只拥有47%的法律赋予的管理森林的权利，他们大多是经济条件相对较差的人群。由于法令的限制，社区居民失去了很多利用这些自然资源的权利，还要承受经济开发的负面影响。如企业在开发水电、矿产等资源的过程中，会导致出现社区土壤退化、耕地受损、水质下降、空气污染、农产品减产和生活质量下降等问题。因此，社区居民理应通过参与协议保护机制项目获得收益。

协议保护机制项目的全过程应注重“平等协商、共同决策”。社区居民不仅是协议保护机制项目的参与者和受益者，而且也是管理者和决策者。在协议保护机制的理念下，社区居民要参与项目的社区基本情况调查、问题分析、规划设计、项目实施、评估等全过程，可以说，社区居民参与项目的积极性以及主人翁意识是项目得以顺利实施的保障。社区居民的作用应及时得到肯定和支持，这样可以激发他们的参与积极性，使专家引导下的具体活动也得以顺利进行。

通过参与协议保护机制项目的全过程，社区居民可以提高对当地环境现状的认识，加强自身的思维、分析、表达的能力，同时巩固社区的凝聚力，这样就直接促进了生物多样性保护的公众参与。

3.4.3.4　非政府组织参与

非政府组织参与协议保护机制项目，通常会无偿开展生态环境保护活动，对公众进行生物多样性知识宣传和教育，推动生物多样性保护领域的公众参与活动的开展。非政府组织会为生物多样性保护项目提供资助、进行生物多样性的研究工作等，同时，为实现政府与其他利益相关群体的良性沟通发挥不可替代的作用。

3.4.3.5 科研机构参与

科研机构参与到协议保护机制项目中，目的是调查、分析生态环境恶化的原因，帮助保护区居民认识到生态环境保护和当地经济发展的相关性以及实现可持续发展的重要性，并制定项目实施方案，监督各个参与方是否积极配合参与项目的实施。

3.4.4 结论

综上所述，协议保护机制是推动政府部门、相关管理机构、社区居民、非政府组织、企业等利益相关群体共同参与生物多样性保护的有效途径。图3－3为协议保护机制的利益相关群体分析。社区居民是自然保护和培育生态产品的主体力量，他们实际上提供了生态服务，但由于得不到补偿，经济条件较差。协议保护机制项目的实施，推动了社区居民参与生物多样性保护的积极性。从全球的自然资源保护行动看，政府是决定保护成效的关键，而协议保护机制可以促进政府投入资源的高效利用。

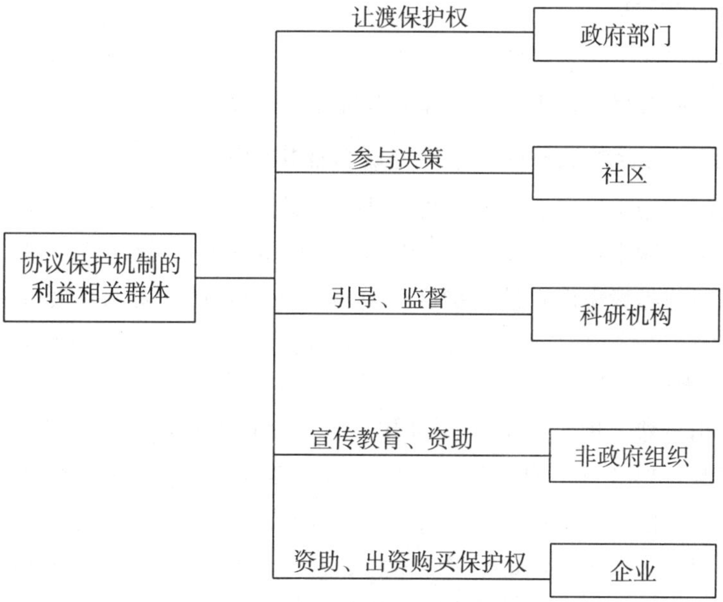

图3－3　协议保护机制的利益相关群体分析

第4章　生物多样性保护公众参与案例解析及参与式工具和方法的实践研究

本章在第3章生物多样性保护公众参与机制的构建的基础上，对相应机制下生物多样性保护公众参与的案例进行了解析，探讨了参与式工具和方法的实践运用。

4.1　案例解析

中国已经在生物多样性领域展开了一些公众参与实践，本书选取了一些典型的案例按照背景、过程、结果等步骤对其加以解析。

4.1.1　武夷山自然保护区公众参与联合保护的案例

作为国家级重点自然保护区和世界生物圈保护区，福建武夷山自然保护区是中国较早探索生物多样性保护和生物资源可持续利用及社区协调发展的保护区。公众参与是武夷山自然保护区解决资源保护和社区协调发展的一个主要途径。

4.1.1.1　案例背景

武夷山自然保护区建立于1979年4月，同年7月被国务院批准为国家级重点保护区，1987年9月被接纳为世界生物圈保护区。武夷山自然保护区是中国南方典型的以集体林为主的保护区，集体林占全区总面积的60%。建区前，区内有7个伐木场，每年采伐木材2万立方米以上，区内许多地方的资源和植被遭到严重破坏，亟待保护和恢复。建区初期，保护区采取了一系列措施，在一定程度上保护了自然资源，但却引发了保护和利用的矛盾[①]。

武夷山自然保护区的实际情况决定了不能实施把当地村民迁离的绝对保护措施，只能因势利导、因地制宜地把当地村民的生产生活纳入保护区管理的职

① 李荣禄. 武夷山自然保护区的联合保护与社区的协调发展 [J]. 林业经济，2001 (12)：55-57.

责范围，使村民的生存与保护区的发展协调统一起来。这是中国自然保护区管理中应用公众参与理念的萌芽。

4.1.1.2 “对立—联合—协调”的公众参与过程

认识到激化矛盾、剧烈对抗只能造成村民与保护区两败俱伤的局面，管理部门决定联合当地村民，共同参与到保护区自然资源保护和利用的管理中来。首先，在保护自然资源的前提下，管理部门主动为当地村民解决生产生活中遇到的难题，缓解保护区与当地村民的矛盾，奠定当地社区参与的基础。比如，在保护区实施“封山护林”的同时，组织村民收集伐木场撤离时丢弃的“困山材”，积极地为他们解决运输、销售等困难，使他们的生活得到保障，村集体经济得到积累。有计划地安排当地村民生产适量的毛竹和少量的自用材，保证收入逐年增加。

以法制建设保障当地社区与保护区共同管理自然保护区。在省政府、省林业厅有关部门的领导下，《福建武夷山国家级自然保护区管理办法》《关于福建武夷山国家级自然保护区试验区内木、竹采伐、运输、销售管理暂行办法》《武夷山自然保护区保护管理费收费标准》等制定颁发，使保护区走上了法制的轨道，也规范了当地村民的生产生活。村民生产生活安定后，自然而然会主动参与到自然资源的保护和利用的管理中来。

在此基础上，管理部门因势利导，积极组织保护区村民参加联合保护工作。具体参与方法有聘用村民担任护林员、林政员、木竹发货员、哨卡员；组建村场扑火队伍，把防火责任落实到各村各户；组织村民对重点地段进行定点巡护，所需费用由保护区和村里共同承担；临时雇用部分村民参加资源调查或其他工作；借助全球环境基金援助中国自然保护区项目在区内实施的机会，发动村民参与区内生物多样性保护。

进一步联合保护区周边区域的社区参与到保护区的自然资源保护和利用的管理中来。省林业厅、保护区周边4县市的政府和林业主管部门、武夷山自然保护区、区内和周边地区的乡镇村场、有关单位组成福建武夷山国家级自然保护区联合保护委员会。该联合保护委员会作为保护区及周边地区生物多样性保护的协调机构，形成了“管理局—管理所—哨卡”和“联合保护委员会—联保小组—村、场”两线交织的三级保护管理网络体系。参加联合保护委员会的有周边4个县市政府、省地市（县）三级林业主管部门、周边乡镇及福建省武夷山保护区等23个成员单位。联合保护委员会以共同制定的章程和保护公约为准则，把当地政府和群众共同参与保护区及周边地区的生物多样性保护工作和生产经营活动紧密联系起来，开创了联合保护工作的新局面。

4.1.1.3　案例结果

借助全球环境基金组织实施项目的机会，联合保护委员会发挥积极作用，中国第一条生物走廊带建立起来。生物走廊带的建立，把地处保护区南北两端的两块核心区有效连接起来。生物走廊带的建立，是公众参与机制的结晶。

保护区周边生物防火林带创建起来。武夷山自然保护区地处武夷山山脉最高地段，为东北—西南走向，呈长条形，平均海拔 1200 米，边界绵长，还有一段省际边界。保护区内山高坡陡，交通不便，开展森林防火工作难度较大。在福建省林业厅、省森林防火办公室、南平市及保护区周边 4 县市的共同参与下，生物防火林带建造完成。

武夷山被认为是全球生物多样性保护的关键地区之一。武夷山的物种资源非常丰富，1999 年 12 月 2 日，经世界遗产大会批准，武夷山被列入世界自然与文化双遗产名录，成为全球第 22 处、中国第 4 处世界自然与文化双遗产。

公众参与在武夷山自然保护区管理中产生了良好的效果。武夷山自然保护区被确定为“全国科普教育基地”和“全国青少年科技教育基地”，当地还设立了武夷山森林生态定位观测研究站，当地还形成了以社区参与为基础、科技为先导的保护控制体系。

4.1.1.4　案例解析

武夷山自然保护区公众参与联合保护是中国生物多样性保护公众参与的一个较早案例，保护区内各方的利益冲突和矛盾刺激了保护区内公众参与机制的形成。政府相关管理部门的引导、保护区管理部门的积极推动、相关利益社区的参与以及非政府组织的支持，是武夷山自然保护区公众参与联合保护的 4 个参与要件。保护区工作人员的公众参与意识较强，政府部门引起了足够的重视，当地社区获得了收益，是推动武夷山自然保护区公众参与联合保护成功实施的 3 个重要因素。

该案例中，科研机构的参与为武夷山自然保护区的发展提供了科技支撑，全球环境基金为保护区的发展提供了资助，具体法规的制定、相关管理部门和社区对资源利用方式的规范等保障了公众参与的有效性。

该案例是典型的导向式参与模式的公众参与，政府部门、科研机构、环保组织在公众参与中起了决定性的作用，而社区参与的程度仍然较低，在联合保护委员会中真正代表社区的声音还很弱，社区提出意见和建议的渠道还不够畅通。从某种程度上来说，社区参与仍然处于被动状态，保护区缺少一种激励机制来引导群众自觉参与保护。当地社区并未真正获得对保护区自然资源管理的发言权，责、权、利三者分离，导致当地村民仅仅把保护区作为一个可索取某些利益的对象。要改变这种局面，一方面应加强对当地村民的生态教育；另一方面需要完善公众参与机制，构建起能够把责、权、利三者有机结合起来的机制。

4.1.2　自然保护区协议保护案例

4.1.2.1　甘肃省白水江国家级自然保护区李子坝的生物多样性保护案例

1. 案例背景

李子坝村隶属于甘肃省陇南文县碧口镇，位于白水江国家级自然保护区辖区的最南端；东与四川省青川县城接壤，是青川县的水源地；南与四川省青川东阳沟自然保护区毗邻；西与四川省唐家河国家级自然保护区相连；总面积6500公顷。李子坝村属于保护区管辖范围，分布有众多的珍稀动植物，如大熊猫、羚牛、金丝猴、雉鹑、珙桐、香果树、南方红豆杉等，不仅是大熊猫的重要栖息地，而且是难得的亚热带向温带过渡的生物多样性基因库。李子坝有9个自然村，210户、750口人，共有4700多亩茶园，主要经济收入来源于茶叶，人均年收入3000元左右，务工及种养殖收入所占比重较小。李子坝村一户茶农每年大约消耗薪柴2.3吨，随着市场经济的发展，村民对森林资源的需求呈多样化发展，最为突出的是一些无序的药材、菌类、野菜采集行为，这些都对生物多样性造成了威胁。茶农长期使用农药与化肥，加之排出的生活污水没有经过任何无害化处理，严重影响了下游水质。因此，开展水源地保护和跨流域生态补偿迫在眉睫。

2. 协议保护内容

2008年10月，李子坝村被确定为协议保护的试点地区，由甘肃省白水江国家级自然保护区管理局项目组、李子坝村委会、山水自然保护中心共同签署了李子坝生物多样性保护协议。该协议实施期为18个月，由非政府组织——山水自然保护中心提供资助，兰州大学专家组作为第三方协助监督李子坝村委会与白水江国家级自然保护区管理局实施该项目。

根据协议，保护区管理局将李子坝村范围内6500公顷的自然资源保护权授予李子坝村委会。李子坝村委会按照保护规划对协议保护地进行保护，通过制定自然资源管理制度约束村民的资源利用行为，发展替代能源，减少薪柴消耗；组织生计多样化的养蜂培训、茶树菇生产培训等；设立社区保护奖励基金；授予森林巡护队资源管护权对协议保护地进行定期监测、巡护，并做好相关记录；制止周边外来不法分子进入该辖区盗猎、盗伐。此协议的主要目标是降低或消除社区内部、外部对协议保护地珍稀动植物资源及其栖息地、重要水源地的威胁，恢复及保持该地森林生态系统的完整性和生物多样性，提高协议保护地自然资源管理水平，提高社区村民参与自然资源管护的程度，为保护区的自然资源管理提供新的理念、机制与方法，降低生物多样性保护的成本，提高生物多样性保护的有效性，促进自然资源管护与社区和谐发展。

3. 案例解析

该协议保护案例具有自发式参与和导向式参与的特点，参与该协议保护的主要利益相关群体分为政府、农村社区、非政府组织、专家组等，各个利益相关群体都有效地参与到生物多样性的协议保护中来。在该案例中，协议保护联合了白水江国家级自然保护区管理局、村委会、非政府组织、科研团体等利益相关群体，综合他们的利益取向、价值取向、知识背景、保护理念等，督促他们共同参与保护地的生物多样性保护。白水江国家级自然保护区管理局代表国家政府利益，负责实施国家制定的环境保护方面的规划和政策，监督检查协议保护相关项目的实施效果。项目管理工作评估结果显示，在相关项目实施过程中，该管理局并没有完全实现将协议保护区的管理权和保护权让渡给当地村民，同时在项目信息公开、资金管理、人力与技术保障等工作方面出现偏差，没有达到协议保护的预期效果。李子坝村委会作为社区村民的代表，有保护本地生态环境的责任和义务，也更加关心生计问题和当地的经济发展。在该案例中，村民对村委会认可度还有待提高，协议保护的公众知晓率和相关项目的公众参与程度均不高，应继续培养社区村民的主人翁意识。

在公共项目中，若多个利益相关群体有共同的利益取向，则可以签订协议的方式联合起来，规定各方的权、责、利关系，明确各自的角色定位，最终使项目达到令人满意的效果。此案例中，由甘肃省白水江国家级自然保护区管理局项目组、李子坝村委会共同签署了李子坝生物多样性保护协议，由山水自然保护中心提供资助，兰州大学专家组作为第三方监督该项目的实施，形成了多方共同合作的关系。这样做是为了达到提高生物多样性保护的有效性、促进自然资源管护与社区和谐发展的目的。

在协议保护项目中，各个利益相关群体所扮演的角色是否准确到位决定了项目的实施效果。参与项目的各利益相关群体中有关键和非关键利益相关群体之分，若关键利益相关群体角色扮演失败，则此项目效果将大打折扣。此案例中，保护区管理局和李子坝村委会均属于关键利益相关群体，项目的终期评估结果显示，保护区管理局存在项目资金发放不够及时、人力和技术保障不充分等问题；李子坝村民对村委会满意度较低、项目公众参与度较低。这两个关键利益相关群体自身角色扮演不够到位，直接导致该项目效果未能达到预期。

4.1.2.2 四川阿坝藏族羌族自治州理县薛城镇马山村野生动植物协议保护项目

1. 案例背景

四川阿坝藏族羌族自治州理县薛城镇马山村位于横断山区干旱河谷和山地森林交错带上，是与米亚罗自然保护区接壤的四川卧龙国家级自然保护区和四川草坡省级自然保护区的重要过渡带。马山村所处地形地貌造就了类型多样的自然生态系统，孕育了丰富的生物物种资源。马山村所辖区域拥有国家重点保护植物及珍稀濒危保护植物共 13 种，有国家级保护兽类 21 种，有国家级保护鸟类 18 种，属于国家一级保护动植物的有金丝猴、大熊猫、豹、雪豹、林麝、马麝、牛羚、箭竹、红豆杉等。

马山村是羌族、藏族杂居村地，植被和动物资源是村民生活的主要来源。政府为了使村民不上山进行砍伐和捕猎活动，投入了大量物力和财力。研究和解决保护区过渡带的生物多样性危机，保障自然生态系统的安全性和完整性是当务之急。

2. 协议保护内容

保护协议由保护国际基金会、山水自然保护中心、县林业局三方共同拟订，提交村民大会通过并实施。在协议保护的框架下，县林业局协助马山村村委会成立了巡山管护组，生态林、经济林建设组，协议保护项目监督组，民族文化宣传组。由国际保护和村委会骨干担任协调工作。

协议保护的主要内容为：免费配送核桃苗，激励农户发展经济林，以此带动恢复和发展国有生态林；以发放奖金、颁发荣誉证书等鼓励方式，激励社区组织宣传保护教育活动和传统文化保护活动；以现场技术培训和传授管理经验等方式，激发农户自觉经营管理林地；通过发放巡护劳务补贴，确保林地监督巡护的组织化和制度化，并以劳务补贴的方式奖勤罚懒，保证监护行为正常有序地开展；鼓励社区开展有民族特色的文化传承和保护活动，从物质和精神两方面对好的行为进行激励；建立阶段性总结评估系统，对协议保护相关项目的实施情况进行监督，及时奖励保护行为，增强社区村民保护集体林和国有林的自觉性。

3. 案例解析

马山村的经验显示，通过建立协议保护机制，可以激励社区农户主动参与保护行动。政府不再是唯一的生态保护者和主导者，而是重要的支持者和服务者。政府的支持和服务职能重在为社区的保护行动提供必要的资源，如保护组织建设、技术培训、管理指导等。

教育和技术培训在协议保护中起着非常重要的作用。实践表明，教育和技术培训能够激发农户参与生态保护的意识和觉悟，帮助农户提高生态保护和管理的责任意识；政府帮助和支持社区组织农户参与保护行动，彻底改变了农户以往的旁观者和破坏者的角色。通过教育宣传活动，农户有了切实的知情权、话语权、参与权、决策权和管理权，成为生态保护的主体，增强了社区的凝聚力和集体荣誉感。

4.1.3 生物多样性保护环境公益诉讼案例

中国已经展开了关于环境公益诉讼的相应实践。“福建南平生态破坏案”是一起破坏生态的环境民事公益诉讼案，是自 2015 年 1 月 1 日起施行的《环境保护法》生效后的一起环境公益诉讼案件。

4.1.3.1 案例背景

2008 年 7 月 29 日，“福建南平生态破坏案”被告四人在未依法取得占用林地许可证及未办理采矿权手续的情况下，在福建省南平市延平区葫芦山开采石料，并将剥土和废石倾倒至山下，直至 2010 年停止开采，造成原有植被严重毁坏。在国土资源部门数次责令停止采矿的情况下，2011 年 6 月，被告还雇用挖掘机到该矿山边坡处开路并扩大矿山塘口面积，造成 28.33 亩林地植被遭到严重毁坏。2014 年 7 月 28 日，被告四人因犯非法占用农用地罪分别被判处刑罚。

针对这一案件，北京市朝阳区自然之友环境研究所（以下简称自然之友）请来专业评估公司对该案破坏的生态价值做评估，并提交了 2 个初步评估报告。报告结果：①福建南平采石场所涉及生态修复项目的总费用在评估基准日的价值为 110.19 万元（《福建南平采石场生态修复初步费用估算报告》）；②本次生态破坏事件造成的损害价值约为 134 万元（包括损毁林木的价值）（《福建南平采石场生态修复初步费用估算报告补充意见》）。

2015 年 1 月 1 日，自然之友、福建省绿家园环境友好中心（以下简称绿家园）提起诉讼，请求判令四被告承担在一定期限内恢复林地植被的责任，并赔偿生态环境服务功能损失 134 万元；如不能在一定期限内恢复林地植被，则应赔偿生态环境修复费用 110 余万元；共同偿付原告为诉讼支出的评估费、律师费及其他合理费用。

4.1.3.2 案例结果

2015 年 10 月 29 日上午 9 时，“福建南平生态破坏案”在福建省南平市中级人民法院一审开庭审判。该案被告违法开矿，严重破坏了周围的天然林地，被破坏的林地不仅本身完全丧失了生态功能，而且影响了周围生态环境的功能及整体性，导致生态功能脆弱，生物多样性丧失。该案原告为民间环保组织自然之友和绿家园，由南平市人民检察院和中国政法大学环境资源法研究服务中心支持起诉，南平市国土资源局延平分局和延平区林业局作为第三人参加庭审。法院最终判决被告四人行为具有共同过错，构成共同侵权。令四被告五个月内清除矿山工棚、机械设备、石料和弃石，恢复被破坏的 28.33 亩林地的功能，在该林地上补种林木并抚育管护三年。如不能在指定期限内恢复林地植被，则共同赔偿生态环境修复费用 110.19 万元；共同赔偿生态环境受到损害至恢复原状期间服务功能损失 127 万元，用于原地生态修复或异地公共生态修复；共同支付原告自然之友、绿家园支付的评估费、律师费和为诉讼支出的其他合理费用 16.5 万元。

4.1.3.3 案例解析

该案例中，原告充分运用了《环境保护法》赋予公民以及相关社会组织的权利，是非政府组织、科研机构和政府相关资源管理部门共同参与环境公益诉讼的成功实例。“福建南平生态破坏案”的判决支持了生态环境损害赔偿金和原告的诉讼费用，有效激励了公众参与生态环境保护，对未来同类诉讼意义重大。

4.2 参与式工具和方法的实践研究

4.2.1 公众参与山区可持续发展政策制定研究——以四川秦巴山区为例

4.2.1.1 研究背景

山区一直被认为是生物多样性保护的重要场所。中国是世界上 12 个生物多样性高度丰富的国家之一[①]，又是一个多山的国家，山区面积占国土总面积的 2/3。但山区也是经济欠发达地区，充分利用山区的自然资源，促进山区的经济繁荣，提高山区人民的生活水平，是当今社会面临的一项紧迫而重要的任务。因此，坚持生物多样性保护和保证当地人民的福祉是我国当前的一项重要任务。

山区拥有丰富的自然资源，但生态系统较为脆弱，如果人们对自然资源的利用不当，对山区自然资源的索取超过其自身所能承受的范围，那么整个生态系统就要发生退化，甚至崩溃。因此，发展山区的前提是保护生物多样性。但山区受自身条件的限制，绝大部分地区交通不便，信息闭塞，人才缺乏；第二、三产业的发展受到各方面条件的制约，以种植业为主的第一产业仍占主导地位，并围绕其资源深度开展其他加工业。因此，山区的经济属资源导向型经济。合理开发利用自然资源仍是发展山区经济的主要途径。此外，山区位于江

---

① 张维平. 生物高度多样性国家简介 [J]. 植物杂志，1992 (4)：2-4.

河的上游和源头，对整个国家的经济和生态环境影响巨大。长期以来，由于受到人、经济、政策、技术和其他诸多因素的影响，山区存在资源利用过度、物种衰减、生态环境恶化等问题。因此，公众参与是对山区自然资源的保护和合理利用的保障。生物多样性保护的公众参与是由当地居民、科学家、政府、企业等多方共同参与实现的，目的是保护生物资源，同时对生物资源进行合理利用，使当地居民生活水平得到提高。

随着气候变化对山区的生态环境和居民生活影响的加剧，山区的环境政策成为各方关注的焦点。2011 年，瑞士卢塞恩召开了世界山区会议，在回顾过去二十年的山区发展基础上，为山区将来的发展提出了行动指导，其中包括在制定与当地居民生活、经济、环境和文化相关的山区发展政策时，应当保证山区居民参与到政策制定的决策过程中。同时，应当让当地居民获得平等的资源利用途径并从中获取公平的收益。此次会议为全球山区发展提供了宝贵的建议，分析了包括非洲、阿尔卑斯山、安第斯山、中亚、东欧、喜马拉雅山脉、中美洲、中东和非洲北部以及东南亚和太平洋地区在内的山区发展的特点。秦巴山区属于全球生物多样性热点区域，但当时对于该区域的研究在全球山区发展研究中尚处于空白阶段。

2015 年，中国工程院启动了重大咨询项目——“秦巴山脉绿色循环发展战略研究”，提出秦巴山脉地区具备突出的生态资源价值，尤其是生物多样性价值。本研究以四川秦巴山区为例，用参与式工具和方法探讨该区域可持续发展的现状，并提出合理的政策建议。

4.2.1.2 研究区域概况

四川秦巴山区位于四川盆地北缘及东北缘，与陕西、甘肃、重庆接壤。该区域内西部为近北东向展布的龙门山北段山系，中部为近东西向展布的米仓山山系，东部为近北西向展布的大巴山山系，形成四川省北部和东北部重要的生态屏障。该区域属于“一路一带”和长江经济带的交汇地区。根据 2011 年秦巴山区扶贫与发展十年规划，四川秦巴山区包括 17 个县（市），总面积约 49000 平方公里，约占全省总面积的 10%。2014 年四川秦巴山区统计数据和四川秦巴山区所辖县（市）统计情况分别见表 4－1 和表 4－2。

表 4－1 2014 年四川秦巴山区统计数据

指标	秦巴山区	四川省
总面积（平方公里）	49010.9	486052.0
人口（1000 人）	1051.7	8140.2

续表

指标		秦巴山区	四川省
人口密度（人/平方公里）		214.6	167.5
GDP（亿元）		1608.9	28536.7
城市人均可支配收入（元）		20252.9	24381.0
农民人均纯收入（元）		6735.5	8803.0
产业结构	第一产业（%）	20.4	12.4
	第二产业（%）	48.4	50.9
	第三产业（%）	31.1	36.8
森林覆盖率（%）		55.1	35.2

表 4－2　四川秦巴山区所辖县（市）统计情况

市	县（区）	山区县	丘陵县	粮食生产县
绵阳	平武			
	北川			
广元	利州			
	昭化			
	朝天			
	旺苍	▲		
	青川	▲		
	剑阁	▲		▲
	苍溪	▲		▲
巴中	巴州			
	恩阳			
	通江	▲		
	南江	▲		
	平昌		▲	
南充	仪陇		▲	▲
达州	宣汉		▲	
	万源	▲		

4.2.1.3　研究方法

本研究在查阅文献资料和搜集政府政策文件的基础上，采用召开座谈会、开展实地调研和对相关利益群体进行分析的公众参与方法，识别四川秦巴山区可持续发展面临的问题。在相关政策的制定过程中，公众参与不仅是政策制定和保证政策有效实施的重要一环，也是人类公平得以实现的保障[①]。公众参与可以有效推进可持续发展政策的制定[②]。

2014 年 11 月至 2015 年 9 月期间，当地召开了两次由科研机构和当地政府管理部门人员参加的座谈会，与会者分别来自 14 个政府管理部门、共计 96 人（见表 4-3）。政府管理部门和科研机构是公众参与的重要成员，地方政府的参与可以提供更有效的评估政策，优化政策建议[③]。

表 4-3 参加座谈会的人员组成

参与群体			参与人数
政府管理部门	社会福利相关部门	发展和改革委员会	30
		经济和信息化委员会	6
		扶贫办	7
		规划局	3
		旅游局	5
		文广新局	5
		住建局	3
		统计局	5
		交通运输局	5
	环境及自然资源管理部门	国土资源局	7
		环保局	5
		农业局	4
		林业局	6
		水务	5

① Darvill R，Lindo Z. The inclusion of stakeholders and cultural ecosystem services in land management trade-off decisions using an ecosystem services approach [J]. Landscape Ecology，2016，31 (3)：533-545.

② Bosch O J H，King C A，Herbohn J L，et al. Getting the big picture in natural resource management-systems thinking as ‘method’ for scientists，policy makers and other stakeholders [J]. Systems Research and Behavioral Science，2007，24：(2) 217-232.

③ Bosch O J H，Ross A H，Beeton R J S. Integrating science and management through collaborative learning and better information management [J]. Systems Research and Behavioral Science，2003，20 (2)：107-118.

续表

参与群体		参与人数
政府管理部门参与者区域分布	绵阳	21
	广元	18
	巴中	19
	南充	22
	达州	16
科研机构	四川大学	17
	西南石油大学	11

在此期间，相关研究人员进行了两次实地调研。在实地调研的基础上，召开了多次由科研机构人员参加的焦点小组讨论会。基于座谈会、焦点小组讨论会和实地调研，相关研究人员对利益相关群体参与山区可持续发展的路径和方法进行了分析，并提出对策建议。对利益相关群体进行分析来确定可持续发展政策实施过程中涉及的相关各方，并明确各方的利益、权利和义务，从而保证政策能有效实施①。

4.2.1.4　结果讨论

1. 对四川秦巴山区可持续发展现状的认识

（1）四川秦巴山区兼具森林资源丰富和人均收入低于全省以及全国平均水平的特点（图 4-1）。四川秦巴山区森林资源非常丰富，平均森林覆盖率达50%以上，个别县市森林覆盖率高达 71.5%，远高于全省以及全国平均水平。但是，区域内城市和农村人口的人均收入水平低于全省平均水平，同时远低于全国平均水平。可见，丰富的森林资源并未给该地区带来丰厚的收益，森林覆盖率与人均收入并不存在正相关关系。

① Possingham H P, Mascia M B, Cook C N, et al. Achieving conservation science that bridges the knowledge-action boundary [J]. Conservation Biology, 2013, 27 (4): 669-678.

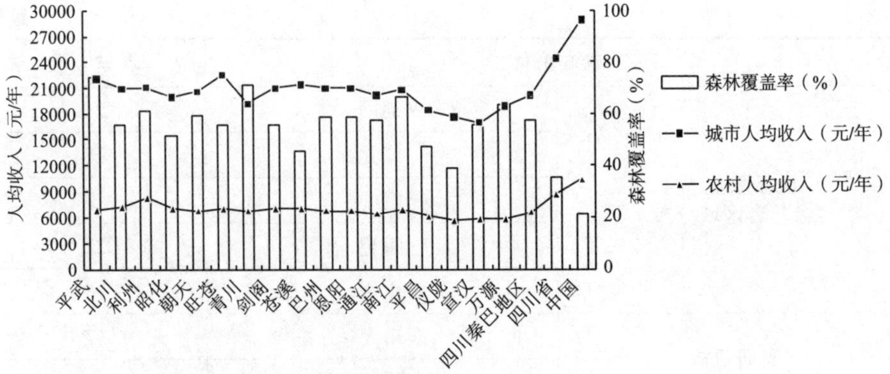

图 4—1　四川秦巴山区森林覆盖率及人均收入情况（2014 年统计数据）

（2）资源管理矛盾突出，交叉重叠管理问题严重。山区包含丰富的生物多样性资源、旅游资源、文化资源，各种资源的利用和保护容易发生冲突①。四川秦巴山区内包含丰富的生物多样性资源，但对于特色生物资源的利用没有形成生态品牌区。当地的农户分散经营，农产品交易市场封闭，没有形成大宗品牌效应，众多的国家地理标志产品中仅有少数品种形成了一定的生产和品牌规模。这些现状严重束缚了资源经济价值的释放，导致资源利用效率一直较低，对解决农民就业、增加农民收入和促进区域经济发展的作用不明显。一些短视的、盲目的招商引资行为，以及“小打小闹”式的无序的资源开发行为，导致资源与环境遭到破坏，加剧了当地的贫困状况。此外，盲目开发使得自然环境恶化，随之而来的是严重的水土流失、频繁的地质灾害、日益恶化的水污染和生物多样性破坏等生态与环境问题，增加了社会经济可持续发展的困难②。

四川秦巴山区拥有 6 处国家级自然保护区、30 处省级自然保护区、3 处国家级风景名胜区、5 处国家级森林公园、2 处国家地质公园、2 处国家湿地公园，这些自然保护区、风景名胜区、森林公园等资源分属林业、环保、农业、水利、国土资源、建设、旅游等十多个部门，这在一定程度上在资源保护、执法及评估等方面存在多头管理、法规交叉、区划不清、缺乏协调机制等问题。由于各部门对生态保护和利用的目标、手段及管理标准不一致，难免出现行政利益冲突、管理效率低下等问题。不少地区或成为众多部门关心的“宝地”，

① Moen J. Land use in the Swedish mountain region：trends and conflicting goals [J]. The International Journal of Biodiversity Science and Management，2006，2 (4)：305-314.

② 岳云华，冉清红，蔡跃平，等. 巴中革命老区贫困县旅游资源开发扶贫研究 [J]. 中国农学通报，2012，28 (14)：150-156.

或因其转化经济价值的程度不同成为无人问津的“弃地”。另外，受行政管辖的限制，区域内各县市的协调不足，对于生态资源的保护和利用存在差异。

（3）当地政府管理人员的政绩考核制度与生态环境可持续发展的矛盾。当地政府机构对生态环境的管理成效，一方面要得到上一级政府机构的认可，另一方面需要当地社区居民的支持和信任。在座谈会中，当地政府管理人员表示目前的地方政绩考核制度不够完善，与社会经济的发展所取得的成就相比，没有形成完整的制度用来考核生态环境保护所取得的成就。

（4）基础设施欠缺。基础设施发展的滞后是导致当地经济条件相对较差的重要原因之一，研究人员在与当地政府管理人员座谈和实地调研的过程中，这一问题也是被提及最多的。四川秦巴山区基础设施欠缺主要表现在两个方面：第一，交通闭塞。四川秦巴山区偏处内陆，地势险峻，受自然阻隔，区划分割，联系不紧密，交通不顺畅。秦巴山区区域内交通闭塞，路网密度低，部分区、市、县之间还没有连通县际公路，更不用说高速公路和铁路[①]。由于山区地势所限，加之该区域自然灾害频发，尤其是在夏季，更容易发生山地滑坡和泥石流而导致交通不畅。第二，环境保护基础设施不足。村镇普遍没有配建垃圾处理设施，环境监测设施不足，当地矿产企业对环境损害很大。

当地政府管理人员反映的主要问题见表 4－4。

表 4－4　当地政府管理人员反映的主要问题

主要问题	具体内容
管理体制	管理区域交叉、重叠，政绩考核体制不完善
基础设施	交通设施不完善，环境保护设施欠缺
环境意识	当地人环境保护意识欠缺；当地居民教育水平较低，环境保护意识尚处于模糊阶段

2. 对四川秦巴山区可持续发展利益相关群体的分析

根据各方对四川秦巴山区可持续发展现状的认知，列举出利益相关群体，包括当地的政府机构、社区管理机构、科研机构等。表 4－5 列出了四川秦巴山区可持续发展利益相关群体的责任和职能、相关影响及利益预期、保证参与的措施。

① 林敏，张江波，刘志斌. 四川秦巴山区绿色交通网络体系构建的要素研究 [J]. 国土资源科技管理，2016，33（2）：109-116.

表 4-5　四川秦巴山区可持续发展利益相关群体分析

利益相关群体	责任和职能	相关影响及利益预期	保证参与的措施
政府机构（林业局、农业局、环保局、发改委等）	产业主管部门，代表政府保护自然资源并实施政策	资源可持续利用，产业发展，政绩考核	采用参与式工具和方法制定管理政策和规划项目
科研机构（大学、研究所）	资源管理政策和技术的研发者	推广科研成果，促进公众参与	聘请专家共同参与政策的制定
社区管理机构（居委会、村委会）	实施政策的基层部门	自然资源使用权受限，得到生计补偿	村干部协商，组织集体行动
社区居民	资源使用者，生态补偿的受益者	因对资源使用的方式被改变而受到负面影响，希望得到补偿	充分协商，提供必要的补偿，保证贫困人口的收益
企业或投资者	商业开发和利用自然资源	在资源使用中获得商业利润	政府相关管理部门主持，由企业和社区达成使用资源的共识
民间环保组织	生物多样性保护的倡导者	宣传生物多样性保护和资源可持续利用的理念，促进公众参与	平等合作

3. 关于四川秦巴山区可持续发展的对策建议

基于之前的多次由学者和政府管理人员参加的座谈会和焦点小组讨论会，形成了如下对策建议（表 4-6）。

表 4-6　关于四川秦巴山区可持续发展的对策建议

对策建议	具体措施
区域联合开发	发展交通，形成区域内信息交流共享机制，成立联合管理委员会共同管理
区域可持续发展政策体系	建立资源利用政策，建立基于环境保护的政绩考核评估机制，在保护区及周围实施有区别的政策
区域扶贫	做好移民安置和生态补偿工作，发展生态教育和生态旅游，提高自然和文化资源的利用率

首先，成立四川秦巴山区联合管理委员会是管理当地自然资源的一个重要手段，可以为不同行政管辖区域以及不同资源管理部门进行自然资源利用和保护的管理提供协作的平台。联合管理委员会负责协调林业、农业、国土资源、水利、扶贫等部门。同时，联合管理委员会负责提供公众参与区域内资源管理

的平台，尤其是将最新的科学研究数据应用到政策制定中。不过，对区域内资源利用政策的制定尚缺乏确切的科学研究数据作依据①，联合管理委员会应更加积极地推进该区域内自然资源利用的相关研究的开展。

其次，加强建立和完善政府管理机构的激励机制，对于自然保护区及周边地区的政府工作考核，应区别对待。增加对该区域的资金投入，加强生态教育和生态补偿。为激励四川秦巴山区各市县政府、工业企业和山区村民更好地保护生态环境，政府应从资金、政策上给予补偿。建立健全自然资源资产产权制度，强化生态补偿决策的公民参与机制。

4.2.2 自然保护区过渡带生物多样性保护的居民认知研究——以理县打色尔村的调研为例

4.2.2.1 研究背景

过渡带是自然保护区生物多样性系统各种活性有机体及遗传变异规律组合的有机组成部分。从相关的历史资料看，自然保护区过渡带规模可根据其面积大小分为三类：第一类，几十万公顷的过渡带，如四川卧龙保护区及其过渡带规模为 20 多万公顷；第二类，几百公顷以内的过渡带，如四川金佛山保护区过渡带仅有 900 多公顷；第三类，几千公顷的过渡带，如四川米亚罗自然保护区生态系统和四川草坡省级自然保护区过渡带②。

社区问题是中国生物多样性保护中面临的重要问题之一，是当今生态环境保护和可持续发展问题在生物多样性领域的具体化。协调生物多样性资源的利用和保护的关系，是保证当地社区居民生活水平提高和生物多样性得以保存的关键所在。社区居民对森林资源的保护态度尤为重要，这里以四川省打色尔村为调研对象，以研究当地村民对生物多样性保护的认知和对现有森林资源的利用情况，同时，切实了解当地村民的需要。

4.2.2.2 调研区域概况

理县杂谷脑镇打色尔村位于四川省西部，四川省阿坝藏族羌族自治州东南缘。打色尔村是藏族、羌族、汉族的杂居地村，依据村所在地打色尔沟为名。打色尔沟长为 20.4 公里，流域面积为 67.0 平方公里，河道陡峻。该村属于中国横断山——岷山北段生物多样性保护优先区域，是米亚罗自然保护区、卧龙

---

① Liu X F，Zhu X F，Pan Y Z，et al. Vegetation dynamics in Qinling-Daba mountains in relation to climate factors between 2000 and 2014 [J]. Journal of Geographical Science，2016，26 (1)：45-58.

② 谭静，冯杰，汪明. 自然保护区重要过渡带危机及对策研究——基于四川阿坝自治州理县马山村协议保护机制的调研 [J]. 林业资源管理，2011 (2)：27-31，77.

国家级自然保护区和草坡省级自然保护区的重要过渡带。区域内自然风光好，生物资源丰富，有虫草、贝母、羌活等多种名贵药材。

4.2.2.3　调研方法

调研方法主要采用半结构访谈的方式，展开包括定性和定量问题的参与式农村评估活动（Participatory Rural Appraisal，PRA），对于村民的看法和态度采用定性方法进行数据收集。先挨家挨户进行访谈，再拜访村委会相关人员，由下到上地调查清楚当地村民对生物多样性资源的利用和保护的认知现状。再结合问题树进行分析，通过利益相关群体的充分参与，探索解决问题的途径与对策。

笔者于 2016 年 8 月和 10 月前后两次在打色尔沟进行了累计 15 天的调研，共走访了 35 户村民，进行了半结构访谈。家庭调查主要集中在人口、年龄、文化程度、土地、牲畜等方面。对于森林资源认知的调查主要集中在村民对森林资源的利用方式及其依赖程度上，即从森林中获取什么以及获取资源的具体情况，主要目的是调查各家庭的薪柴消耗、饲料使用以及经济林产品生产等情况。同时，调查受访村民对教育、医疗、兽医等的需求意愿。

本次调研共发放了调查问卷 120 份，由于当地村民识字率较低，问卷调查采用一对一的问答方式进行。调查问卷主要包括以下五个问题：是否了解生物多样性，保护动植物是否有好处，保护森林是否有益处，放牧是否影响森林生态环境，对现在的生活条件是否满意。答案包括三个选项：是、否、不知道。

4.2.2.4　结果分析

1. 家庭情况调查结果

打色尔村共计 190 户、758 人，每户家庭成员人数为 3～9 人，平均每户家庭成员人数为 4 人。当地村民都是祖祖辈辈生活在此地的人，没有外来人口。当地村民文化水平普遍较低，就业率低。女性基本都在家务农，男性会在农闲时外出务工。受访村民平均年龄为 38 岁，主要职业是务农和养殖。山羊、黄牛、牦牛等牲畜养殖是当地家庭收入的重要来源，也是农家肥料的主要来源。但是，各家各户牲畜养殖的情况不完全相同。山羊、黄牛的养殖主要是分户养殖，牦牛养殖采用股份制养殖，家庭养殖牦牛数量从几头到几十头不等。打色尔村按照打色尔沟的自然地理情况分为三个组，各组村民的经济条件有所不同。沟口离县城较近，为一组，村民多选择进城务工，做生意；沟中段地势陡峻，耕地少，为二组，是村中经济条件最差的一个组，受地势所限不能种植蔬菜，主要靠养殖和采药材为生；沟上段地势相对平坦，村民收入多样化，大白菜种植、养殖、采药都是其收入来源。

因村民生活方式和养殖牲畜消耗的森林资源量很难获得可靠数据。因用电设施较差，大多数农户仍维持传统的用木材取暖和煮饭的生活方式。当地村民在森林里自由放牧，亦无法估计牲畜每天消耗的饲料量。打色尔村农户家庭调研情况见表4－7。

表4－7　打色尔村农户家庭调研情况

打色尔村总户数		190户
总人口		758人
每户家庭成员人数		3～9人
民族组成占比	嘉绒藏族	78.19％
	羌族	18.23％
	汉族	3.58％
牲畜情况	山羊	1576只
	黄牛	974只
	牦牛	5362只

2. 当地村民对森林资源利用和保护的认知

首先，关于当地村民基本生活保障的问题。打色尔村由于地处山沟，交通不便，农产品价格低廉。当地医疗设施、教育设施建设不足，村民需要到县城租房或买房送孩子上学。当地电力设施差，经常停电，导致生活不便。

其次，村民对森林资源保护的态度。120位受访村民的平均年龄为38岁，其中男性49人，女性71人。受访村民的基本情况见表4－8。

表4－8　受访村民的基本情况

项目		人数（人）	比例（％）
性别	男	49	40.83
	女	71	59.17
年龄	25～34	34	28.33
	35～44	42	35.00
	45～54	25	20.83
	≥55	19	15.83
受教育程度	小学以下	26	21.67
	小学	63	52.50
	初中	31	25.83

这些村民在接受调查访问时，多数正在田间劳动。他们的文化水平普遍不高，青壮年往往留守在村里，孩子则在县城上学，老人（尤其是女性）在县城照顾孩子。笔者在调研过程中，几乎未在村子里看到未成年人。当问及是否了解生物多样性时，当地村民几乎无一知晓。仅有少数人提到“山上有野猪，还有老熊”之类的话。

92%的受访村民认为保护森林是有益处的，余下的受访村民则表示不知道是否有益处。72%的受访村民认为当地的自然环境好，对生活在此地感到满意。67%的受访村民认为森林资源的保护非常重要，当地人对大山有着深厚的感情，保留着每年正月十五祭拜山神的传统风俗。但是，在涉及自身收益时，受利益驱使，村民往往会作出可以增加经济收入的选择。仅有 49%的受访村民意识到放牧会损害森林生态环境，破坏生物多样性。

最后，基于半结构访谈的情况，笔者画出了打色尔村森林资源利用和保护的问题树（图 4-2）。

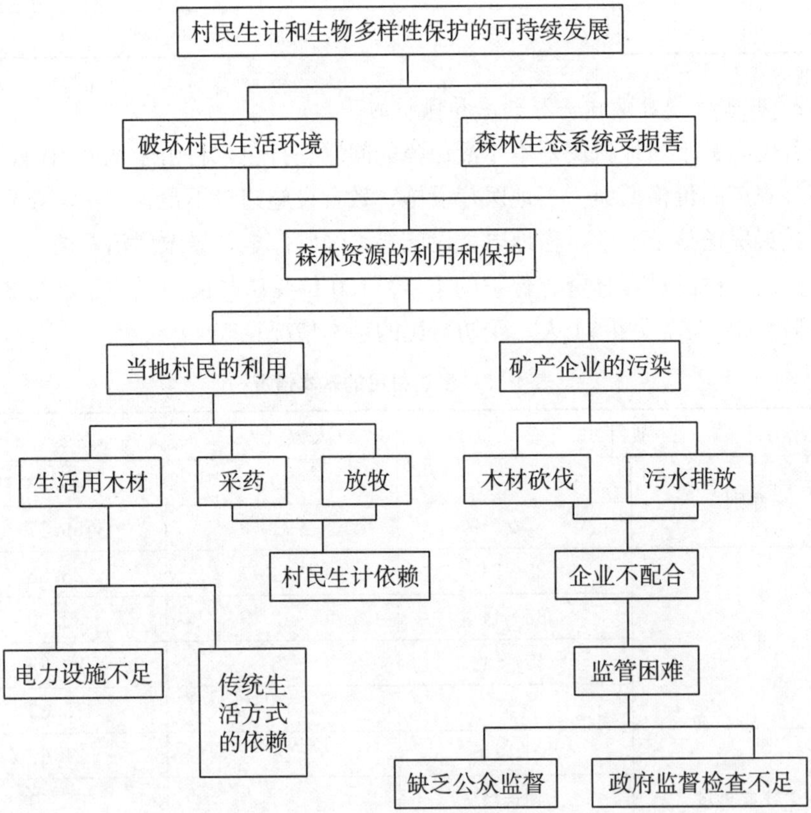

图 4-2　打色尔村森林资源利用和保护的问题树

根据在打色尔村的实地调研结果和访谈记录可以发现，打色尔村森林资源利用和保护面临的主要问题有：

第一，矿产企业对森林资源的利用，给当地生态环境造成了污染，同时给村民带来负面示范。打色尔沟上段开设了一处金矿，已有二十余年，这严重影响了当地的生态环境，并且在生态保护方面给当地村民产生了负面影响。在采访的过程中，几乎所有的村民都提到了金矿污染当地水源的情况。一位村民说："山顶上的金矿，污染了这条沟的水，前年把我们的牦牛毒死了，到现在也没有赔我们的钱。"在开采金矿的过程中，要用到大量木材，导致当地少数人为了利益伐木再卖给矿主。这一行为在当地造成了非常坏的影响和反面示范作用。加上当地有关部门不允许村民砍柴用于取暖和煮饭，造成很多村民心理不平衡。原本流过家门前的水可以饮用，但在遭受污染后，一些村民也开始随意向其中抛弃废物。

第二，放牧与采药的利益冲突。当地村民采用股份制放养牦牛，家庭经济条件好的村民拥有的牦牛总数多一些，养殖牦牛的收益归村民个人所有。而山上的药材属于共有资源，无人管理。一些牦牛股份少的村民便抱怨道："牦牛把草皮啃了，虫草就越来越少了，羌活近几年都没有了，贝母也越来越少了。"

第三，政府政策与当地设施及居民生活习惯的矛盾。政府每年会给当地村民发放林权补贴，禁止村民砍伐树木。但是，当地电力设施差，导致当地经常停电。还有少数村民提到山上有老熊、野猪会损坏地里种的白菜，说："这些动物是受保护的，我们也不敢打，没办法。"

4.2.2.5 小结

该调研采用公众参与的方法，讨论了打色尔村的村民在对森林资源进行利用和保护的过程中存在的问题。笔者通过问卷调查和半结构访谈，了解了当地村民对生态资源保护的认知和态度；采用问题树分析方法分析了打色尔村森林资源的利用和保护面临的问题。当地电力设施不足，影响了村民摆脱对传统生活方式的依赖；缺乏公众监督和政府监管，导致当地采矿企业肆意损坏生态环境。

与森林资源紧密联系的村民是生物多样性保护的内生力量，不论森林资源的产权发生怎样的变化，情感依附使得他们有着天然的生态保护意愿，并由此积累了大量的本土生态系统知识，创造了自己的历史、文化和生活方式。由于生态保护收益的外溢性，人类理性的选择往往基于更大的收益和更少的支出，致使原住民社区的生态保护水平容易偏离最优水平[①]。可以说，打色尔村的村民对森林资源的保护高度重视，只是缺乏具体的保护措施和引导，且对森林资源的利用和保护受眼前利益的影响。当地村民肆意放牧，对当地的生态环境造成了影响，导致出现生物多样性丧失的问题。

当地有关部门要引导打色尔村的村民对当地森林资源进行合理利用，在保护生物多样性的同时，提高当地村民的经济收入和生活质量。该区域受地势所限，想要依靠旅游产业带动当地经济几乎不可行。特色产品的生产和销售是带动区域经济发展的一个重要因素，在调研过程中笔者发现，当地有个别村民在进行家庭养蜂、苹果栽种，为自己的家庭增加了收入来源。因此，当地可以开展生计多样化的技术培训，如进行养蜂培训鼓励村民养蜂，进行果树种植培训鼓励村民栽种适应当地气候、土壤条件的果树，以增加收入。

---

① Catrina A M. Accruing benefit or loss from a protected area：location matters [J]. Ecological Economics，2012，76：119-129.

第 5 章　生物多样性保护公众参与机制的实践研究

5.1　基本情况

本书第 4 章对中国生物多样性保护公众参与的相关案例进行了解析，表明公众参与在生物多样性保护中已经得到实践。四川省境内分布着多个生物多样性保护优先区域和重要生态功能区，是中国践行生物多样性保护的重要区域之一。四川省地处中国自西向东三个阶梯的第一阶梯向第二阶梯的过渡地带，地貌复杂奇特，气候类型多样，孕育了许多类型丰富、独具特色的生物，是物种特有性最丰富的地区之一①。生物资源的可持续利用，是人类生产和社会发展的基础，是国民经济可持续发展的战略性资源。《四川省国民经济和社会发展第十一个五年规划纲要》提出要“保护生物多样性，促进生态系统良性循环”，《四川生态省建设规划纲要》将加强生物多样性保护作为重要目标，《四川省生物多样性保护战略与行动计划》在四川省境内划定了十三个生物多样性保护优先区域。基于此，本章选择四川省的部分生物多样性保护区域作为实践研究对象，通过对当地政府管理部门人员、社区居民、企业任职人员、非政府组织成员以及科研机构人员进行问卷调查，了解他们对生物多样性保护公众参与的认知程度，应用前文阐述的生物多样性保护公众参与机制来推动和提升当地的相关实践。

本章选择了位于四川省生物多样性保护优先区域的岷山区域的平武、北川和邛崃山区域的汶川、理县四个县作为调查区域。这四个县都已有公众参与生物多样性保护的实践案例。如平武县摩天岭社会公益型保护地项目，该项目由

① 中华人民共和国环境保护部. 中国生物多样性保护战略与行动计划（2011—2030 年）［M］. 北京：中国环境科学出版社，2011：10-11.

四川西部自然保护基金会[①]与平武县人民政府签署合作协议，将总面积约 1.2 万公顷的摩天岭保护地建设成为具备生态监测、科学研究、生态教育和生态体验功能的科学保护地，探索政府监督、民间管理的新型保护管理模式，以促进更多的社会公益人士参与自然保护。

5.2 研究方案的设计与实施

本研究使用自填式调查问卷进行数据收集，调查对象为林业、环境保护、国土资源、农业等政府管理部门人员和普通公众（包括当地社区居民、科研机构人员、非政府组织成员、企业任职人员）。调查目的是判断调查对象对生物多样性保护公众参与的工具和方法的掌握程度以及公众支持的重要程度，并据此对不同生物多样性保护项目所需的参与主体、参与层次作出选择；了解政府管理部门人员接纳公众参与的意愿、公众自身的参与意愿，以及他们对生物多样性保护公众参与过程的有效组织和参与结果的有效实现的认识；以调查结果为参考，了解中国生物多样性保护公众参与的法治机制、方法培训机制、公众科学机制和协议保护机制的完善程度，并探索当地生物多样性保护公众参与的现状和存在的问题。

本研究针对不同的调查对象，分别设计了“公众参与生物多样性保护的调查问卷（普通公众）”（见附录 1）、“公众参与生物多样性保护的调查问卷（政府管理部门人员）”（见附录 2）两份调查问卷，内容包括调查对象对生物多样性保护公众参与的相关公共事务，公众参与的法制机制、方法培训机制、公众科学机制和协议保护机制的认知。为使问卷设计更加完善，研究人员在理县进行了问卷预调查。问卷预调查选取的研究样本为普通公众 30 名、当地政府管理部门人员 22 名。笔者与部分调查对象就问卷设计进行了面对面的沟通，征求他们对调查项目及选项设计、文字表述的意见，以此对问卷的内容进行了优化，并运用软件 SPSS 19.0 对预调查数据进行了统计分析。信度检验结果表明，普通公众问卷量表的信度系数 $\alpha=0.962$，整体信度系数 $\alpha=0.963$；政府管理部门人员问卷量表的信度系数 $\alpha=0.950$，整体信度系数 $\alpha=0.953$。由此可知，利用此问卷开展问卷调查所取得的结果具有较高的可靠性。

在此基础上，本研究选择了 4 个县的普通公众各 40 人，政府管理部门人员各 20 人，进行问卷调查。对政府管理部门人员的问卷调查采用办公场所随机性调查和邮件调查两种方式；对当地社区居民，考虑到其普遍文化水平不

---

① 四川西部自然保护基金会是由民间发起，专注于生物多样性保护的非公募基金会。

高，故采用一对一的问答方式进行问卷调查；对其他公众（包括科研机构人员、非政府组织成员、企业任职人员）采用电子邮件的方式进行问卷调查。共回收政府管理部门人员有效问卷80份；普通公众有效问卷156份，其中包括当地社区居民问卷75份，其他公众问卷81份。

5.3 研究数据的统计与分析

本研究运用软件SPSS 19.0对收集到的数据进行分析：对问卷调查项目进行编码，录入调查数据，再对调查数据进行具体的统计和分析。调查数据的信度检验结果为：普通公众问卷第2部分和第4部分的信度系数α分别为0.936和0.923，整体信度系数α为0.932；政府管理部门人员问卷第1部分和第3部分的信度系数α分别为0.965和0.936，整体信度系数α为0.949。两份问卷的信度系数均高于0.9，可见本次问卷调查的结果信度较高。

5.3.1 研究样本的基本情况

为尊重受访者的意愿和确保受访者身份的隐匿性，政府管理部门人员调查问卷没有涉及受访者基本情况的相关内容，普通公众调查问卷设计了性别、年龄、职业、受教育程度、是否参与过生物多样性保护相关的项目或活动等基本信息。本次问卷调查中，女性受访者多于男性受访者。调查区域当地社区居民的文化水平普遍较低，大部分为初中以下文化水平。大多数受访者未参与过生物多样性保护相关的项目或活动。普通公众样本的基本情况见表5-1。

表5-1 普通公众样本的基本情况

基本信息		样本数（人）	所占比例
性别	女	90	57.7%
	男	66	42.3%
年龄	18～29岁	33	21.2%
	30～39岁	43	27.6%
	40～49岁	39	25.0%
	50岁及以上	41	26.2%
职业	当地社区居民（农民）	75	48.1%
	企业任职人员	20	12.8%
	非政府组织成员	25	16.0%
	科研机构人员	36	23.1%

续表

基本信息		样本数（人）	所占比例
受教育程度	初中以下	62	39.7%
	高中（含普通高中、中专、技校等）	31	19.9%
	大学（含大专、本科）	35	22.5%
	硕士及以上	28	17.9%
是否参与过生物多样性保护相关的项目或活动	是	51	32.7%
	否	105	67.3%

5.3.2 公众对参与生物多样性保护相关公共事务的认知程度等调查数据分析

本次调查针对前文所提出的生物多样性保护公众参与的主体和客体，整合了包括生物多样性保护法律法规的制定和执行、生物信息的调查和交流、自然保护区的管理、遗传资源保存库建设以及生物资源利用在内的5个方面、共19项生物多样性保护公众参与的相关公共事务，以此设置调查项目。对调查数据进行统计与分析，了解政府管理部门人员和普通公众对这些相关公共事务的认知程度。

5.3.2.1 公众参与相关公共事务所需专业知识和技能的程度

普通公众对参与相关公共事务所需专业知识和技能的程度的认知见表5-2，政府管理部门人员对参与相关公共事务所需专业知识和技能的程度的认知见表5-3。表5-4汇总了普通公众和政府管理部门人员的调查数据，结果表明，普通公众和政府管理部门人员对参与相关公共事务所需专业知识和技能的程度的认知均值在3.1以上。其中，对参与生物多样性信息的调查、遗传资源库的建设以及生物资源利用相关的13项公共事务所需专业知识和技能的程度的认知均值在4.0以上，仅“生物多样性保护法律法规的制定”“退牧还草工程的实施（如禁牧封育、轮封轮牧等措施）”“生物多样性规划、计划实施的监督”“生物多样性的违法行为的监督、举报”“地方政府与当地居民对自然保护区的协作管理”“自然保护区外围的民间生物多样性保护”几项均值低于4.0，这表明公众对参与生物多样性保护相关公共事务所需专业知识和技能的程度有一定认知。另外，政府管理部门人员的认知普遍高于普通公众。

表 5－2　普通公众对参与相关公共事务所需专业知识和技能的程度的认知

项目	N	均值	标准差	均值的标准误
生物多样性保护法律法规的制定	156	3.6256	0.83259	0.07237
退牧还草工程的实施（如禁牧封育、轮封轮牧等措施）	156	3.2379	0.76358	0.05668
生物多样性规划、计划实施的监督	156	3.7982	0.96456	0.08764
生物多样性的违法行为的监督、举报	156	3.0131	0.87783	0.07397
生物遗传资源的调查	156	4.1326	0.91438	0.08321
野生动植物资源调查	156	4.5721	0.87291	0.07252
当地传统知识的调查	156	3.9217	1.10051	0.09210
生物多样性保护相关信息的监测	156	4.5729	0.94825	0.08563
生物多样性信息管理系统的建立	156	4.6231	0.87362	0.07301
生物多样性知识的科普教育	156	4.3219	0.99392	0.08731
自然保护区发展规划的制定	156	4.0216	0.87262	0.07139
地方政府与当地居民对自然保护区的协作管理	156	3.5792	0.81436	0.06124
自然保护区监管措施的制定	156	3.9217	0.86621	0.07016
自然保护区外围的民间生物多样性保护	156	3.5128	0.80012	0.05966
自然保护区管理人员的管理能力和业务水平的提高	156	4.0236	0.86372	0.06832
畜禽遗传资源保种场和保护区的建设	156	4.6794	0.99315	0.09215
跨国界保护区的建立	156	4.3268	0.93182	0.09021
生物遗传资源保存库的建设	156	4.3899	0.92162	0.08193
生物资源利用的公平惠益	156	3.9899	0.89237	0.07932

表 5－3　政府管理部门人员对参与相关公共事务所需专业知识和技能的程度的认知

项目	N	均值	标准差	均值的标准误
生物多样性保护法律法规的制定	80	4.0239	0.83859	0.04737
退牧还草工程的实施（如禁牧封育、轮封轮牧等措施）	80	3.9353	0.89045	0.05017

续表

项目	*N*	均值	标准差	均值的标准误
生物多样性规划、计划实施的监督	80	3.5947	0.86949	0.05067
生物多样性的违法行为的监督、举报	80	3.5152	0.89684	0.05103
生物遗传资源的调查	80	4.7315	0.88751	0.05003
野生动植物资源调查	80	4.7836	0.95130	0.05396
当地传统知识的调查	80	4.6512	1.03462	0.05933
生物多样性保护相关信息的监测	80	4.6236	0.89707	0.05064
生物多样性信息管理系统的建立	80	4.7213	0.94535	0.05366
生物多样性知识的科普教育	80	4.0153	0.89728	0.05458
自然保护区发展规划的制定	80	4.2379	0.84571	0.05315
地方政府与当地居民对自然保护区的协作管理	80	3.7642	0.95341	0.05051
自然保护区监管措施的制定	80	4.3164	0.94535	0.05326
自然保护区外围的民间生物多样性保护	80	3.6209	0.85831	0.04831
自然保护区管理人员的管理能力和业务水平的提高	80	4.2217	1.03752	0.06013
畜禽遗传资源保种场和保护区的建设	80	4.5924	0.84169	0.04736
跨国界保护区的建立	80	4.3107	0.93778	0.05282
生物遗传资源保存库的建设	80	4.4209	0.92712	0.05640
生物资源利用的公平惠益	80	4.1832	0.81035	0.04932

表 5-4　普通公众和政府管理部门人员调查数据汇总

项目	*N*	均值	标准差	均值的标准误
生物多样性保护法律法规的制定	236	3.7606	0.83259	0.08237
退牧还草工程的实施（如禁牧封育、轮封轮牧等措施）	236	3.4743	0.84866	0.08946
生物多样性规划、计划实施的监督	236	3.7292	0.82781	0.08726
生物多样性的违法行为的监督、举报	236	3.1833	0.88749	0.09355
生物遗传资源的调查	236	4.3356	0.75294	0.07937

续表

项目	N	均值	标准差	均值的标准误
野生动植物资源调查	236	4.6438	0.85130	0.08974
当地传统知识的调查	236	4.1690	0.90938	0.09585
生物多样性保护相关信息的监测	236	4.5901	0.84866	0.08946
生物多样性信息管理系统的建立	236	4.6564	0.82721	0.08720
生物多样性知识的科普教育	236	4.2180	0.89728	0.09458
自然保护区发展规划的制定	236	4.0949	0.84571	0.08915
地方政府与当地居民对自然保护区的协作管理	236	3.6419	0.95341	0.10050
自然保护区监管措施的制定	236	4.0555	0.92954	0.09798
自然保护区外围的民间生物多样性保护	236	3.5494	0.94958	0.06331
自然保护区管理人员的管理能力和业务水平的提高	236	4.0908	0.81438	0.05439
畜禽遗传资源保种场和保护区的建设	236	4.6499	0.89189	0.09546
跨国界保护区的建立	236	4.3213	0.94228	0.06282
生物遗传资源保存库的建设	236	4.4004	0.90002	0.06030
生物资源利用的公平惠益	236	4.0544	0.91230	0.06102

5.3.2.2 政府管理部门人员已经具有的参与相关公共事务所需专业知识和技能的程度

表 5-5 统计了政府管理部门人员认为自身已经具有的参与相关公共事务所需专业知识和技能的程度，其中“退牧还草工程的实施（如禁牧封育、轮封轮牧等措施）”“生物多样性规划、计划实施的监督”2 项的均值较高，其次是“生物多样性保护法律法规的制定”。“畜禽遗传资源保种场和保护区的建设”“跨国界保护区的建立”“生物资源利用的公平惠益”3 项均值低于 3.0，说明目前政府管理部门人员执行以上 3 项公共事务具有的专业知识和技能的程度较低，需要在这些方面投入更大的人力、物力，以加强对这些公共事务的执行能力。

表 5-5 政府管理部门人员认为自身已经具有的参与相关公共事务所需专业知识和技能的程度

项目	N	均值	标准差	均值的标准误
生物多样性保护法律法规的制定	80	3.9892	0.83532	0.08805
退牧还草工程的实施（如禁牧封育、轮封轮牧等措施）	80	4.0214	0.71098	0.07494
生物多样性规划、计划实施的监督	80	4.0222	0.80231	0.08457
生物多样性的违法行为的监督、举报	80	3.5679	0.73277	0.07724
生物遗传资源的调查	80	3.6321	0.76731	0.08088
野生动植物资源调查	80	3.7211	0.89254	0.09408
当地传统知识的调查	80	3.5125	1.01111	0.10658
生物多样性保护相关信息的监测	80	3.0212	0.88043	0.09281
生物多样性信息管理系统的建立	80	3.4971	0.85211	0.08982
生物多样性知识的科普教育	80	3.0921	0.82327	0.08678
自然保护区发展规划的制定	80	3.5411	0.86440	0.09112
地方政府与当地居民对自然保护区的协作管理	80	3.0021	0.89254	0.09408
自然保护区监管措施的制定	80	3.6123	0.87188	0.09190
自然保护区外围的民间生物多样性保护	80	3.2891	0.87474	0.09221
自然保护区管理人员的管理能力和业务水平的提高	80	3.3298	0.66704	0.07031
畜禽遗传资源保种场和保护区的建设	80	2.7862	0.81802	0.08623
跨国界保护区的建立	80	2.9651	0.85824	0.09047
生物遗传资源保存库的建设	80	3.5421	0.88467	0.09325
生物资源利用的公平惠益	80	2.9652	0.88043	0.09281

5.3.2.3 普通公众和政府管理部门人员认为公众支持对执行相关公共事务的重要程度

调查普通公众和政府管理部门人员对公众支持对执行生物多样性公共事务的重要程度的认知，可以了解政府管理部门人员对公众参与相关公共事务的重视程度，以及普通公众对公众参与相关公共事务的必要性的认识。表 5-6 和表 5-7 的数据显示，对于“生物多样性保护法律法规的制定”，政府管理部门人员和普通公众存在较大分歧，政府管理部门人员认为公众支持对其的重要程度的均值为3.8865，普通公众认为公众支持对其的重要程度的均值为2.9211，这说明在普通公众的意识里，对公众参与生物多样性保护立法必要性的认识不够，在相关法律法规的制定过程中的参与不足。对于其他公共事项，普通公众和政府管理部门人员的认知基本相同。表5—8汇总了普通公众和政府管理部门人员的调查数据，结果表明：两者认为公众支持对执行“退牧还草工程的实施（如禁牧封畜、轮封轮牧等措施）”“生物多样性的违法行为的监督、举报”“当地传统知识的调查”“生物多样性知识的科普教育”“自然保护区外围的民间生物多样性保护”的重要程度的均值高于4.0，而“生物多样性保护法律法规的制定”“生物多样性信息管理系统的建立”“自然保护区管理人员的管理能力和业务水平的提高”“畜禽遗传资源保种场和保护区的建设”的均值低于3.4。由此可见，公众支持对执行生物多样性保护公共事务的重要程度得到普通公众和政府管理部门人员的共同认可，公众参与生物多样性保护具备一定的思想基础。

表5—6 普通公众认为公众支持对执行相关公共事务的重要程度

项目	*N*	均值	标准差	均值的标准误
生物多样性保护法律法规的制定	156	2.9211	0.80402	0.08238
退牧还草工程的实施（如禁牧封育、轮封轮牧等措施）	156	4.0789	0.67968	0.06927
生物多样性规划、计划实施的监督	156	3.9879	0.77101	0.07890
生物多样性的违法行为的监督、举报	156	4.4990	0.70147	0.07157
生物遗传资源的调查	156	3.7990	0.73601	0.07521
野生动植物资源调查	156	3.7211	0.86124	0.08841
当地传统知识的调查	156	4.0213	0.97981	0.10091
生物多样性保护相关信息的监测	156	3.4239	0.84913	0.08714
生物多样性信息管理系统的建立	156	3.0789	0.82081	0.08415
生物多样性知识的科普教育	156	4.0234	0.79197	0.08111
自然保护区发展规划的制定	156	3.6111	0.83310	0.08545
地方政府与当地居民对自然保护区的协作管理	156	3.9899	0.86124	0.08841
自然保护区监管措施的制定	156	3.6123	0.84058	0.08623
自然保护区外围的民间生物多样性保护	156	4.6899	0.84344	0.08654

续表

项目	*N*	均值	标准差	均值的标准误
自然保护区管理人员的管理能力和业务水平的提高	156	3.0123	0.63574	0.06464
畜禽遗传资源保种场和保护区的建设	156	3.2319	0.78672	0.08056
跨国界保护区的建立	156	3.9698	0.82694	0.08480
生物遗传资源保存库的建设	156	3.7689	0.85337	0.08758
生物资源利用的公平惠益	156	3.7699	0.84913	0.08714

表 5-7　政府管理部门人员认为公众支持对执行相关公共事务的重要程度

项目	*N*	均值	标准差	均值的标准误
生物多样性保护法律法规的制定	80	3.8865	0.71392	0.07346
退牧还草工程的实施（如禁牧封育、轮封轮牧等措施）	80	4.2189	0.58958	0.06035
生物多样性规划、计划实施的监督	80	4.0126	0.68091	0.06998
生物多样性的违法行为的监督、举报	80	4.3212	0.61137	0.06265
生物遗传资源的调查	80	3.998	0.64591	0.06629
野生动植物资源调查	80	3.9873	0.77114	0.07949
当地传统知识的调查	80	4.2689	0.88971	0.09199
生物多样性保护相关信息的监测	80	3.9805	0.75903	0.07822
生物多样性信息管理系统的建立	80	3.2901	0.73071	0.07523
生物多样性知识的科普教育	80	4.2993	0.70187	0.07219
自然保护区发展规划的制定	80	3.8921	0.74300	0.07653
地方政府与当地居民对自然保护区的协作管理	80	3.8964	0.77114	0.07949
自然保护区监管措施的制定	80	3.7961	0.75048	0.07731
自然保护区外围的民间生物多样性保护	80	4.1997	0.75334	0.07762
自然保护区管理人员的管理能力和业务水平的提高	80	3.2109	0.54564	0.05572
畜禽遗传资源保种场和保护区的建设	80	3.9998	0.69662	0.07164
跨国界保护区的建立	80	3.8991	0.73684	0.07588
生物遗传资源保存库的建设	80	4.0021	0.76327	0.07866

续表

项目	N	均值	标准差	均值的标准误
生物资源利用的公平惠益	80	3.8912	0.75903	0.07822

表 5-8　普通公众和政府管理部门人员调查数据汇总

项目	N	均值	标准差	均值的标准误
生物多样性保护法律法规的制定	236	3.3145	0.73302	0.07965
退牧还草工程的实施（如禁牧封育、轮封轮牧等措施）	236	4.1264	0.58958	0.06035
生物多样性规划、计划实施的监督	236	3.9963	0.68091	0.06998
生物多样性的违法行为的监督、举报	236	4.4387	0.61137	0.06265
生物遗传资源的调查	236	3.8665	0.64591	0.06629
野生动植物资源调查	236	3.8113	0.77114	0.07949
当地传统知识的调查	236	4.1052	0.88971	0.09199
生物多样性保护相关信息的监测	236	3.6126	0.75903	0.07822
生物多样性信息管理系统的建立	236	3.1505	0.73071	0.07523
生物多样性知识的科普教育	236	4.1169	0.70187	0.07219
自然保护区发展规划的制定	236	3.7064	0.74300	0.07653
地方政府与当地居民对自然保护区的协作管理	236	3.9582	0.77114	0.07949
自然保护区监管措施的制定	236	3.6746	0.75048	0.07731
自然保护区外围的民间生物多样性保护	236	4.5237	0.75334	0.07762
自然保护区管理人员的管理能力和业务水平的提高	236	3.0796	0.54564	0.05572
畜禽遗传资源保种场和保护区的建设	236	3.4922	0.69662	0.07164
跨国界保护区的建立	236	3.9458	0.73684	0.07588
生物遗传资源保存库的建设	236	3.8480	0.76327	0.07866
生物资源利用的公平惠益	236	3.8110	0.75903	0.07822

5.3.2.4　公众参与相关公共事务的主观意愿程度及现实情况对比

通过对普通公众愿意参与相关公共事务的程度和政府管理部门人员对目前

相关公共事务的公众参与程度的评价进行调查，对比公众参与相关公共事务的主观意愿程度及现实情况。普通公众愿意参与相关公共事务的程度见表 5－9。该统计结果表明，普通公众愿意参与“生物多样性规划、计划实施的监督”“当地传统知识的调查”“生物资源利用的公平惠益”3 项公共事务的程度的均值高于 3.9；愿意参与“生物多样性的违法行为的监督、举报”“野生动植物资源调查”“自然保护区发展规划的制定”“地方政府与当地居民对自然保护区的协作管理”“自然保护区监管措施的制定”“自然保护区外围的民间生物多样性保护”6 项公共事务的程度的均值在 3.5～3.9 之间；愿意参与其他 10 项公共事务的程度的均值低于 3.5。政府管理部门人员对目前相关公共事务的公众参与程度的评价见表 5－10，其中，对“野生动植物资源调查”“地方政府与当地居民对自然保护区的协作管理”“自然保护区监管措施的制定”3 项公共事务的公众参与程度的评价均值在 3.9 以上；对“生物多样性规划、计划实施的监督”“生物多样性的违法行为的监督、举报”“当地传统知识的调查”“生物多样性信息管理系统的建立”“生物多样性知识的科普教育”“自然保护区发展规划的制定”6 项公共事务的公众参与程度的评价均值在 3.5～3.9 之间；对其余 10 项公共事务的公众参与程度的评价均值低于 3.5。

通过对比表 5－9 和表 5－10 的数据可知，普通公众愿意参与相关公共事务的程度和政府管理部门人员对目前相关公共事务的公众参与程度的评价绝大多数较为一致，仅少数几项存在较大差距。其中，普通公众愿意参与“自然保护区外围的民间生物多样性保护”的程度均值为 3.7685，而政府管理部门人员对该项公共事务的公众参与程度的评价均值为 3.2149，说明公众对参与该项公共事务的积极性较高，但是政府缺少相应的参与引导；普通公众愿意参与“生物遗传资源的调查”的程度均值为 3.0580，而政府管理部门人员对该项公共事务的公众参与程度的评价均值为 3.8324，说明公众对参与该项公共事务的积极性不够，政府对该项事务的公众参与程度存在过高评价。对于那些公众支持程度高但公众参与意愿程度低的公共事务来说，比如“退牧还草工程的实施（如禁牧封育、轮封轮牧等措施）”，尚需采取有效的手段来激发公众的参与热情，提高公众的实际参与程度，从而获得执行该公共事务所需要的公众支持。

表5-9 普通公众愿意参与相关公共事务的程度

项目	N	均值	标准差	均值的标准误
生物多样性保护法律法规的制定	156	3.0321	0.78515	0.08377
退牧还草工程的实施（如禁牧封育、轮封轮牧等措施）	156	3.4875	0.64171	0.06447
生物多样性规划、计划实施的监督	156	3.9875	0.73304	0.07410
生物多样性的违法行为的监督、举报	156	3.6421	0.66350	0.06677
生物遗传资源的调查	156	3.0580	0.69804	0.07041
野生动植物资源调查	156	3.8753	0.82327	0.08361
当地传统知识的调查	156	3.9876	0.94184	0.09611
生物多样性保护相关信息的监测	156	3.0124	0.81116	0.08234
生物多样性信息管理系统的建立	156	3.0167	0.78284	0.07935
生物多样性知识的科普教育	156	3.3467	0.75400	0.07631
自然保护区发展规划的制定	156	3.7632	0.79513	0.08065
地方政府与当地居民对自然保护区的协作管理	156	3.8765	0.82327	0.08361
自然保护区监管措施的制定	156	3.7657	0.80261	0.08143
自然保护区外围的民间生物多样性保护	156	3.7685	0.80547	0.08174
自然保护区管理人员的管理能力和业务水平的提高	156	2.9987	0.59777	0.05984
畜禽遗传资源保种场和保护区的建设	156	3.1254	0.74875	0.07576
跨国界保护区的建立	156	3.0212	0.78897	0.08001
生物遗传资源保存库的建设	156	3.4213	0.81540	0.08278
生物资源利用的公平惠益	156	3.9876	0.81116	0.08234

表5-10 政府管理部门人员对目前相关公共事务的公众参与程度的评价

项目	N	均值	标准差	均值的标准误
生物多样性保护法律法规的制定	80	3.0469	0.76591	0.08503
退牧还草工程的实施（如禁牧封育、轮封轮牧等措施）	80	3.3562	0.62247	0.06573

续表

项目	*N*	均值	标准差	均值的标准误
生物多样性规划、计划实施的监督	80	3.5631	0.71380	0.07536
生物多样性的违法行为的监督、举报	80	3.8743	0.64426	0.06803
生物遗传资源的调查	80	3.8324	0.67880	0.07167
野生动植物资源调查	80	3.9868	0.80403	0.08487
当地传统知识的调查	80	3.5236	0.92260	0.09737
生物多样性保护相关信息的监测	80	3.1247	0.79192	0.08360
生物多样性信息管理系统的建立	80	3.7423	0.76360	0.08061
生物多样性知识的科普教育	80	3.8795	0.73476	0.07757
自然保护区发展规划的制定	80	3.6548	0.77589	0.08191
地方政府与当地居民对自然保护区的协作管理	80	3.9879	0.80403	0.08487
自然保护区监管措施的制定	80	3.9648	0.78337	0.08269
自然保护区外围的民间生物多样性保护	80	3.2149	0.78623	0.08302
自然保护区管理人员的管理能力和业务水平的提高	80	3.0042	0.57853	0.06110
畜禽遗传资源保种场和保护区的建设	80	3.2134	0.72951	0.07702
跨国界保护区的建立	80	3.0056	0.76973	0.08126
生物遗传资源保存库的建设	80	3.3421	0.79616	0.08404
生物资源利用的公平惠益	80	3.2341	0.79192	0.08361

5.3.2.5 相关公共事务公众参与主体的识别

本研究根据前文提出的生物多样性保护公众参与的主体，让受访的政府管理部门人员和普通公众对每一项公共事务执行所需要的参与者进行判断，从而识别在不同公共事务执行中起支持作用的公众参与主体。表5-11～表5-29对普通公众和政府管理部门人员认为的能够对相关公共事务起支持作用的公众参与主体作了统计，结果表明，仅极少数受访者（累计个案数为11）认为某些相关公共事务的执行不需要公众的参与，而绝大多数相关公共事务的执行需要多种类型的公众参与主体共同参与。

表5－11　普通公众和政府管理部门人员认为能够对“生物多样性保护法律法规的制定”起支持作用的公众参与主体

参与主体	普通公众			政府管理部门人员		
	N	百分比	个案百分比	N	百分比	个案百分比
A. 当地政府管理部门	107	21.06%	68.59%	59	22.26%	37.82%
B. 社区组织	69	13.58%	44.23%	61	23.02%	39.10%
C. 居民	9	1.77%	5.77%	23	8.68%	14.74%
D. 科学家（专家）	76	14.96%	48.72%	39	14.72%	25.00%
E. 非政府组织	99	19.49%	63.46%	31	11.70%	19.87%
F. 科研机构	84	16.54%	53.85%	28	10.57%	17.95%
G. 教育机构	10	1.97%	6.41%	9	3.40%	5.77%
H. 企业	42	8.27%	26.92%	13	4.91%	8.33%
I. 其他	12	2.36%	7.69%	2	0.75%	1.28%
J. 无	0	0	0	0	0	0
总计	508	100.00%	325.64%	265	100.00%	169.87%

表5－12　普通公众和政府管理部门人员认为能够对“退牧还草工程的实施（如禁牧封育、轮封轮牧等措施）”起支持作用的公众参与主体

参与主体	普通公众			政府管理部门人员		
	N	百分比	个案百分比	N	百分比	个案百分比
A. 当地政府管理部门	86	18.14%	55.13%	46	20.18%	57.50%
B. 社区组织	143	30.17%	91.67%	63	21.58%	40.38%
C. 居民	89	18.78%	57.05%	41	27.05%	50.64%
D. 科学家（专家）	23	4.85%	14.74%	12	4.11%	7.69%
E. 非政府组织	31	6.54%	19.87%	29	9.93%	18.59%
F. 科研机构	19	4.01%	12.18%	12	4.11%	7.69%
G. 教育机构	3	0.63%	1.92%	3	1.03%	1.92%
H. 企业	78	16.46%	50.00%	21	7.19%	13.46%
I. 其他	2	0.42%	1.28%	1	0.34%	0.64%
J. 无	0	0	0	0	0	0
总计	474	100.00%	303.85%	228	100.00%	198.51%

表 5-13　普通公众和政府管理部门人员认为能够对“生物多样性规划、计划实施的监督”起支持作用的公众参与主体

参与主体	普通公众			政府管理部门人员		
	N	百分比	个案百分比	*N*	百分比	个案百分比
A. 当地政府管理部门	156	25.49%	100%	78	26.80%	50.00%
B. 社区组织	138	22.55%	88.46%	54	18.56%	34.62%
C. 居民	109	17.81%	69.87%	43	14.78%	27.56%
D. 科学家（专家）	51	8.33%	32.69%	32	11.00%	20.51%
E. 非政府组织	72	11.76%	46.15%	46	15.81%	29.49%
F. 科研机构	9	1.47%	5.77%	13	4.47%	8.33%
G. 教育机构	5	0.82%	3.21%	4	1.37%	2.56%
H. 企业	65	10.62%	41.67%	19	6.53%	12.18%
I. 其他	7	1.14%	4.49%	2	0.69%	1.28%
J. 无	0	0	0	0	0	0
总计	612	100.00%	392.31%	291	100.00%	186.54%

表 5-14　普通公众和政府管理部门人员认为能够对“生物多样性的违法行为的监督、举报”起支持作用的公众参与主体

参与主体	普通公众			政府管理部门人员		
	N	百分比	个案百分比	*N*	百分比	个案百分比
A. 当地政府管理部门	45	6.77%	28.85%	65	17.02%	41.67%
B. 社区组织	143	21.50%	91.67%	71	18.59%	45.51%
C. 居民	154	23.16%	98.72%	72	18.85%	46.15%
D. 科学家（专家）	47	7.07%	30.13%	15	3.93%	9.62%
E. 非政府组织	123	18.50%	78.85%	73	19.11%	46.79%
F. 科研机构	12	1.80%	7.69%	17	4.45%	10.90%
G. 教育机构	7	1.05%	4.49%	19	4.97%	12.18%
H. 企业	132	19.85%	84.62%	49	12.83%	31.41%
I. 其他	2	0.30%	1.28%	1	0.26%	0.64%
J. 无	0	0	0	0	0	0
总计	665	100.00%	426.28%	382	100.00%	244.87%

表 5—15　普通公众和政府管理部门人员认为能够对“生物遗传资源的调查”起支持作用的公众参与主体

参与主体	普通公众			政府管理部门人员		
	N	百分比	个案百分比	*N*	百分比	个案百分比
A. 当地政府管理部门	98	10.12%	62.82%	69	14.11%	44.23%
B. 社区组织	139	14.36%	89.10%	59	12.07%	37.82%
C. 居民	126	13.02%	80.77%	68	13.91%	43.59%
D. 科学家（专家）	147	15.19%	94.23%	79	16.16%	50.64%
E. 非政府组织	98	10.12%	62.82%	45	9.20%	28.85%
F. 科研机构	153	15.81%	98.08%	80	16.36%	51.28%
G. 教育机构	102	10.54%	65.38%	48	9.82%	30.77%
H. 企业	97	10.02%	62.18%	39	7.98%	25.00%
I. 其他	8	0.83%	5.13%	2	0.41%	1.28%
J. 无	0	0	0	0	0	0
总计	968	100.00%	620.51%	489	100.00%	313.46%

表 5—16　普通公众和政府管理部门人员认为能够对“野生动植物资源调查”起支持作用的公众参与主体

参与主体	普通公众			政府管理部门人员		
	N	百分比	个案百分比	*N*	百分比	个案百分比
A. 当地政府管理部门	86	9.54%	55.13%	65	15.15%	41.67%
B. 社区组织	138	15.32%	88.46%	62	14.45%	39.74%
C. 居民	99	10.99%	63.46%	50	11.66%	32.05%
D. 科学家（专家）	149	16.54%	95.51%	61	14.22%	39.10%
E. 非政府组织	97	10.77%	62.18%	48	11.19%	30.77%
F. 科研机构	153	16.98%	98.08%	79	18.41%	50.64%
G. 教育机构	98	10.88%	62.82%	28	6.53%	17.95%
H. 企业	79	8.77%	50.64%	35	8.16%	22.44%
I. 其他	2	0.22%	1.28%	1	0.23%	0.64%
J. 无	0	0	0	0	0	0
总计	901	100.00%	577.56%	429	100.00%	275.00%

表 5—17 普通公众和政府管理部门人员认为能够对“当地传统知识的调查”起支持作用的公众参与主体

参与主体	普通公众			政府管理部门人员		
	N	百分比	个案百分比	N	百分比	个案百分比
A. 当地政府管理部门	43	6.42%	27.56%	54	15.61%	34.62%
B. 社区组织	147	21.94%	94.23%	76	21.97%	48.72%
C. 居民	148	22.09%	94.87%	78	22.54%	50.00%
D. 科学家（专家）	76	11.34%	48.72%	34	9.83%	21.79%
E. 非政府组织	98	14.63%	62.82%	36	10.40%	23.08%
F. 科研机构	75	11.19%	48.08%	23	6.65%	14.74%
G. 教育机构	45	6.72%	28.85%	26	7.51%	16.67%
H. 企业	32	4.78%	20.51%	19	5.49%	12.18%
I. 其他	6	0.90%	3.85%	0	0	0
J. 无	0	0	0	0	0	0
总计	670	100.00%	429.49%	346	100.00%	221.79%

表 5—18 普通公众和政府管理部门人员认为能够对“生物多样性保护相关信息的监测”起支持作用的公众参与主体

参与主体	普通公众			政府管理部门人员		
	N	百分比	个案百分比	N	百分比	个案百分比
A. 当地政府管理部门	54	7.41%	34.62%	36	11.65%	23.08%
B. 社区组织	32	4.39%	20.51%	27	8.74%	17.31%
C. 居民	148	20.30%	94.87%	20	6.47%	12.82%
D. 科学家（专家）	141	19.34%	90.38%	76	24.60%	48.72%
E. 非政府组织	98	13.44%	62.82%	49	15.86%	31.41%
F. 科研机构	132	18.11%	84.62%	59	19.09%	37.82%
G. 教育机构	76	10.43%	48.72%	30	9.71%	19.23%
H. 企业	46	6.31%	29.49%	12	3.88%	7.69%
I. 其他	2	0.27%	1.28%	0	0	0
J. 无	0	0	0	0	0	0
总计	729	100.00%	467.31%	309	100.00%	198.08%

表 5－19　普通公众和政府管理部门人员认为能够对“生物多样性信息管理系统的建立”起支持作用的公众参与主体

参与主体	普通公众			政府管理部门人员		
	N	百分比	个案百分比	N	百分比	个案百分比
A. 当地政府管理部门	43	7.24%	27.56%	31	10.33%	19.87%
B. 社区组织	21	3.54%	13.46%	18	6.00%	11.54%
C. 居民	12	2.02%	7.69%	20	6.67%	12.82%
D. 科学家（专家）	132	22.22%	84.62%	78	26.00%	50.00%
E. 非政府组织	98	16.50%	62.82%	31	10.33%	19.87%
F. 科研机构	154	25.93%	98.72%	69	23.00%	44.23%
G. 教育机构	89	14.98%	57.05%	42	14.00%	26.92%
H. 企业	43	7.24%	27.56%	11	3.67%	7.05%
I. 其他	2	0.34%	1.28%	0	0	0
J. 无	0	0	0	0	0	0
总计	594	100.00%	380.77%	300	100.00%	192.31%

表 5－20　普通公众和政府管理部门人员认为能够对“生物多样性知识的科普教育”起支持作用的公众参与主体

参与主体	普通公众			政府管理人员		
	N	百分比	个案百分比	N	百分比	个案百分比
A. 当地政府管理部门	102	14.39%	65.38%	21	7.05%	13.46%
B. 社区组织	32	4.51%	20.51%	12	4.03%	7.69%
C. 居民	69	9.73%	44.23%	19	6.38%	12.18%
D. 科学家（专家）	99	13.96%	63.46%	76	25.50%	48.72%
E. 非政府组织	87	12.27%	55.77%	23	7.72%	14.74%
F. 科研机构	143	20.17%	91.67%	65	21.81%	41.67%
G. 教育机构	150	21.16%	96.15%	70	23.49%	44.87%
H. 企业	23	3.24%	14.74%	12	4.03%	7.69%
I. 其他	4	0.56%	2.56%	0	0	0
J. 无	0	0	0	0	0	0
总计	709	100.00%	454.49%	298	100.00%	191.03%

表 5－21　普通公众和政府管理部门人员认为能够对“自然保护区发展规划的制定”起支持作用的公众参与主体

参与主体	普通公众			政府管理部门人员		
	N	百分比	个案百分比	*N*	百分比	个案百分比
A. 当地政府管理部门	109	16.03%	69.87%	62	19.81%	39.74%
B. 社区组织	79	11.62%	50.64%	42	13.42%	26.92%
C. 居民	132	19.41%	84.62%	17	5.43%	10.90%
D. 科学家（专家）	107	15.74%	68.59%	57	18.21%	36.54%
E. 非政府组织	65	9.56%	41.67%	45	14.38%	28.85%
F. 科研机构	101	14.85%	64.74%	31	9.90%	19.87%
G. 教育机构	38	5.59%	24.36%	46	14.70%	29.49%
H. 企业	46	6.76%	29.49%	9	2.88%	5.77%
I. 其他	3	0.44%	1.92%	4	1.28%	2.56%
J. 无	0	0	0	0	0	0
总计	680	100.00%	435.90%	313	100.00%	200.64%

表 5－22　普通公众和政府管理部门人员认为能够对“地方政府与当地居民对自然保护区的协作管理”起支持作用的公众参与主体

参与主体	普通公众			政府管理部门人员		
	N	百分比	个案百分比	*N*	百分比	个案百分比
A. 当地政府管理部门	156	26.67%	100.00%	80	25.32%	51.28%
B. 社区组织	143	24.44%	91.67%	75	23.73%	48.08%
C. 居民	92	15.73%	58.97%	42	13.29%	26.92%
D. 科学家（专家）	21	3.59%	13.46%	18	5.70%	11.54%
E. 非政府组织	76	12.99%	48.72%	42	13.29%	26.92%
F. 科研机构	34	5.81%	21.79%	21	6.65%	13.46%
G. 教育机构	51	8.72%	32.69%	32	10.13%	20.51%
H. 企业	12	2.05%	7.69%	2	0.63%	1.28%
I. 其他	0	0	0	4	1.27%	2.56%
J. 无	0	0	0	0	0	0
总计	585	100.00%	375.00%	316	100.00%	202.56%

表 5—23　普通公众和政府管理部门人员认为能够对“自然保护区监管措施的制定”起支持作用的公众参与主体

参与主体	普通公众			政府管理部门人员		
	N	百分比	个案百分比	N	百分比	个案百分比
A. 当地政府管理部门	96	16.11%	61.54%	75	23.08%	48.08%
B. 社区组织	69	11.58%	44.23%	59	18.15%	37.82%
C. 居民	42	7.05%	26.92%	38	11.69%	24.36%
D. 科学家（专家）	89	14.93%	57.05%	23	7.08%	14.74%
E. 非政府组织	77	12.92%	49.36%	39	12.00%	25.00%
F. 科研机构	132	22.15%	84.62%	48	14.77%	30.77%
G. 教育机构	68	11.41%	43.59%	31	9.54%	19.87%
H. 企业	23	3.86%	14.74%	9	2.77%	5.77%
I. 其他	0	0	0	3	0.92%	1.92%
J. 无	0	0	0	0	0	0
总计	596	100.00%	382.05%	325	100.00%	208.33%

表 5—24　普通公众和政府管理部门人员认为能够对“自然保护区外围的民间生物多样性保护”起支持作用的公众参与主体

参与主体	普通公众			政府管理部门人员		
	N	百分比	个案百分比	N	百分比	个案百分比
A. 当地政府管理部门	129	18.45%	82.69%	56	15.91%	35.90%
B. 社区组织	153	21.89%	98.08%	76	21.59%	48.72%
C. 居民	102	14.59%	65.38%	76	21.59%	48.72%
D. 科学家（专家）	62	8.87%	39.74%	19	5.40%	12.18%
E. 非政府组织	138	19.74%	88.46%	68	19.32%	43.59%
F. 科研机构	62	8.87%	39.74%	31	8.81%	19.87%
G. 教育机构	29	4.15%	18.59%	18	5.11%	11.54%
H. 企业	19	2.72%	12.18%	5	1.42%	3.21%
I. 其他	5	0.72%	3.21%	3	0.85%	1.92%
J. 无	0	0	0	0	0	0
总计	699	100.00%	448.08%	352	100.00%	225.64%

表 5—25　普通公众和政府管理部门人员认为能够对“自然保护区管理人员的管理能力和业务水平的提高”起支持作用的公众参与主体

参与主体	普通公众			政府管理部门人员		
	N	百分比	个案百分比	*N*	百分比	个案百分比
A. 当地政府管理部门	97	32.66%	62.18%	61	38.13%	39.10%
B. 社区组织	21	7.07%	13.46%	9	5.63%	5.77%
C. 居民	10	3.37%	6.41%	3	1.88%	1.92%
D. 科学家（专家）	62	20.88%	39.74%	23	14.38%	14.74%
E. 非政府组织	18	6.06%	11.54%	36	22.50%	23.08%
F. 科研机构	21	7.07%	13.46%	5	3.13%	3.21%
G. 教育机构	51	17.17%	32.69%	21	13.13%	13.46%
H. 企业	5	1.68%	3.21%	0	0	0
I. 其他	9	3.03%	5.77%	2	1.25%	1.28%
J. 无	3	1.01%	1.92%	0	0	0
总计	297	100.00%	190.38%	160	100.00%	102.56%

表 5—26　普通公众和政府管理部门人员认为能够对“畜禽遗传资源保种场和保护区的建设”起支持作用的公众参与主体

参与主体	普通公众			政府管理部门人员		
	N	百分比	个案百分比	*N*	百分比	个案百分比
A. 当地政府管理部门	129	22.63%	82.69%	69	20.85%	44.23%
B. 社区组织	123	21.58%	78.85%	53	16.01%	33.97%
C. 居民	51	8.95%	32.69%	31	9.37%	19.87%
D. 科学家（专家）	32	5.61%	20.51%	31	9.37%	19.87%
E. 非政府组织	28	4.91%	17.95%	19	5.74%	12.18%
F. 科研机构	92	16.14%	58.97%	41	12.39%	26.28%
G. 教育机构	21	3.68%	13.46%	9	2.72%	5.77%
H. 企业	91	15.96%	58.33%	75	22.66%	48.08%
I. 其他	3	0.53%	1.92%	3	0.91%	1.92%
J. 无	0	0	0	0	0	0
总计	570	100.00%	365.38%	331	100.00%	212.18%

表5－27　普通公众和政府管理部门人员认为能够对“跨国界保护区的建立”起支持作用的公众参与主体

参与主体	普通公众			政府管理部门人员		
	N	百分比	个案百分比	*N*	百分比	个案百分比
A. 当地政府管理部门	62	14.06%	39.74%	32	16.93%	20.51%
B. 社区组织	79	17.91%	50.64%	33	17.46%	21.15%
C. 居民	79	17.91%	50.64%	12	6.35%	7.69%
D. 科学家（专家）	41	9.30%	26.28%	36	19.05%	23.08%
E. 非政府组织	98	22.22%	62.82%	23	12.17%	14.74%
F. 科研机构	43	9.75%	27.56%	36	19.05%	23.08%
G. 教育机构	11	2.49%	7.05%	3	1.59%	1.92%
H. 企业	19	4.31%	12.18%	10	5.29%	6.41%
I. 其他	6	1.36%	3.85%	2	1.06%	1.28%
J. 无	3	0.68%	1.92%	2	1.06%	1.28%
总计	441	100.00%	282.69%	189	100.00%	121.15%

表5－28　普通公众和政府管理部门人员认为能够对“生物遗传资源保存库的建设”起支持作用的公众参与主体

参与主体	普通公众			政府管理部门人员		
	N	百分比	个案百分比	*N*	百分比	个案百分比
A. 当地政府管理部门	66	11.15%	42.31%	21	7.50%	13.46%
B. 社区组织	43	7.26%	27.56%	18	6.43%	11.54%
C. 居民	39	6.59%	25.00%	12	4.29%	7.69%
D. 科学家（专家）	121	20.44%	77.56%	72	25.71%	46.15%
E. 非政府组织	43	7.26%	27.56%	21	7.50%	13.46%
F. 科研机构	150	25.34%	96.15%	72	25.71%	46.15%
G. 教育机构	29	4.90%	18.59%	9	3.21%	5.77%
H. 企业	98	16.55%	62.82%	52	18.57%	33.33%
I. 其他	3	0.51%	1.92%	1	0.36%	0.64%
J. 无	0	0	0	2	0.71%	1.28%
总计	592	100.00%	379.49%	280	100.00%	179.49%

表 5－29 普通公众和政府管理部门人员认为能够对“生物资源利用的公平惠益”起支持作用的公众参与主体

参与主体	普通公众			政府管理部门人员		
	N	百分比	个案百分比	*N*	百分比	个案百分比
A. 当地政府管理部门	143	29.30%	91.67%	71	29.10%	45.51%
B. 社区组织	107	21.93%	68.59%	67	27.46%	42.95%
C. 居民	9	1.84%	5.77%	8	3.28%	5.13%
D. 科学家（专家）	23	4.71%	14.74%	12	4.92%	7.69%
E. 非政府组织	98	20.08%	62.82%	16	6.56%	10.26%
F. 科研机构	12	2.46%	7.69%	12	4.92%	7.69%
G. 教育机构	34	6.97%	21.79%	18	7.38%	11.54%
H. 企业	59	12.09%	37.82%	37	15.16%	23.72%
I. 其他	3	0.61%	1.92%	2	0.82%	1.28%
J. 无	0	0	0	1	0.41%	0.64%
总计	488	100.00%	312.82%	244	100.00%	156.41%

普通公众和政府管理部门人员的认知的综合分析情况见表 5－30，该表对相关公共事务的参与主体按受访者的选择进行排序，数据表明，表 5－8 中普通公众和政府管理部门人员共同认为的公众支持对执行相关公共事务的重要程度较高的个案，其百分比也相对较高，如“生物多样性的违法行为的监督、举报”“当地传统知识的调查”“自然保护区外围的民间生物多样性保护”“生物遗传资源的调查”“野生动植物资源调查”“生物多样性保护相关信息的监测”“自然保护区发展规划的制定”“生物多样性知识的科普教育”8 项公共事务的总个案百分比均在 400%以上；而表 5－8 中普通公众和政府管理部门人员共同认为的公众支持对执行相关公共事务的重要程度较低的“生物多样性保护法律法规的制定”“生物多样性信息管理系统的建立”“自然保护区管理人员的管理能力和业务水平的提高”3 项公共事务，其个案百分比也相对较低，其中“自然保护区管理人员的管理能力和业务水平的提高”的个案百分比最低，仅为 193.64%，个案总数为 457。通过公众参与相关公共事务的主体识别调研，一方面再次验证了生物多样性保护公众参与的重要性，另一方面揭示了不同公共事务所需参与主体的差异性。

表5-30 普通公众和政府管理部门人员的认知的综合分析情况

生物多样性保护公共事务	各个公众参与主体的支持作用（按个案百分比降序排列）
生物多样性保护法律法规的制定（$N=773$，总个案百分比=327.54%）	当地政府管理部门（70.34%），社区组织（55.08%），非政府组织（55.08%），科学家（专家）（48.73%），科研机构（47.46%），企业（23.31%），居民（13.56%），教育机构（8.05%），其他（5.93%）
退牧还草工程的实施（如禁牧封育、轮封轮牧等措施）（$N=745$，总个案百分比=315.68%）	社区组织（87.29%），当地政府管理部门（55.93%），居民（55.08%），企业（35.59%），非政府组织（25.42%），科学家（专家）（14.83%），科研机构（13.14%），教育机构（2.54%），其他（1.27%）
生物多样性规划、计划实施的监督（$N=903$，总个案百分比=382.63%）	当地政府管理部门（99.15%），社区组织（81.63%），居民（64.41%），非政府组织（50.00%），企业（35.59%），科学家（专家）（35.17%），科研机构（9.32%），教育机构（3.81%），其他（3.81%）
生物多样性的违法行为的监督、举报（$N=1047$，总个案百分比=443.64%）	居民（95.76%），社区组织（90.68%），非政府组织（83.05%），企业（76.69%），当地政府管理部门（46.61%），科学家（专家）（26.27%），科研机构（12.29%），教育机构（11.02%），其他（1.27%）
生物遗传资源的调查（$N=1457$，总个案百分比=617.37%）	科研机构（98.73%），科学家（专家）（95.76%），社区组织（83.90%），居民（82.20%），当地政府管理部门（70.76%），教育机构（63.56%），非政府组织（60.59%），企业（57.63%），其他（4.24%）
当地传统知识的调查（$N=1016$，总个案百分比=430.51%）	居民（95.76%），社区组织（94.49%），非政府组织（56.78%），科学家（专家）（46.61%），科研机构（41.53%），当地政府管理部门（41.10%），教育机构（30.08%），企业（21.61%），其他（2.54%）
野生动植物资源调查（$N=1330$，总个案百分比=563.56%）	科研机构（98.31%），科学家（专家）（88.98%），社区组织（84.75%），当地政府管理部门（63.98%），居民（63.14%），非政府组织（61.44%），教育机构（53.39%），企业（48.31%），其他（1.27%）
生物多样性保护相关信息的监测（$N=1038$，总个案百分比=439.83%）	科学家（专家）（91.95%），科研机构（80.93%），居民（71.19%），非政府组织（62.29%），教育机构（44.92%），当地政府管理部门（38.14%），社区组织（25.00%），企业（24.58%），其他（0.85%）
生物多样性信息管理系统的建立（$N=894$，总个案百分比=378.81%）	科研机构（94.49%），科学家（专家）（88.98%），教育机构（55.51%），非政府组织（54.66%），当地政府管理部门（31.36%，）企业（22.88%），社区组织（16.53%），居民（13.56%），其他（0.85%）

续表

生物多样性保护公共事务	各个公众参与主体的支持作用（按个案百分比降序排列）
生物多样性知识的科普教育（N=1007，总个案百分比=426.69%）	教育机构（93.22%），科研机构（88.14%），科学家（专家）（74.15%），当地政府管理部门（52.12%），非政府组织（46.61%），居民（37.29%），社区组织（18.64%），企业（14.83%），其他（1.69%）
自然保护区发展规划的制定（N=993，总个案百分比=420.76%）	当地政府管理部门（72.46%），科学家（专家）（69.49%），居民（63.14%），科研机构（55.93%），社区组织（51.27%），非政府组织（46.61%），教育机构（35.59%），企业（23.31%），其他（2.97%）
地方政府与当地居民对自然保护区的协作管理（N=901，总个案百分比=381.78%）	当地政府管理部门（100.00%），社区组织（92.37%），居民（56.78%），非政府组织（50.00%），教育机构（35.17%），科研机构（23.31%），科学家（专家）（16.53%），企业（5.93%），其他（1.69%）
自然保护区监管措施的制定（N=921，总个案百分比=390.25%）	科研机构（76.27%），当地政府管理部门（72.46%），社区组织（54.24%），非政府组织（49.15%），科学家（专家）（47.46%），教育机构（41.95%），居民（33.90%），企业（13.56%），其他（1.27%）
自然保护区外围的民间生物多样性保护（N=1051，总个案百分比=445.34%）	社区组织（97.03%），非政府组织（87.29%），当地政府管理部门（78.39%），居民（75.42%），科研机构（39.41%），科学家（专家）（34.32%），教育机构（19.92%），企业（10.17%），其他（3.39%）
自然保护区管理人员的管理能力和业务水平的提高（N=457，总个案百分比=193.64%）	当地政府管理部门（66.95%），科学家（专家）（36.02%），教育机构（30.51%），非政府组织（22.88%），社区组织（12.71%），科研机构（11.02%），居民（5.51%），其他（4.66%），企业（2.12%），无（1.27%）
畜禽遗传资源保种场和保护区的建设（N=901，总个案百分比=381.78%）	当地政府管理部门（83.90%），社区组织（74.58%），企业（70.34%），科研机构（56.36%），居民（34.75%），科学家（专家）（26.69%），非政府组织（19.92%），教育机构（12.71%），其他（2.54%）
跨国界保护区的建立（N=630，总个案百分比=266.95%）	非政府组织（51.27%），社区组织（47.46%），当地政府管理部门（39.83%），居民（38.56%），科研机构（33.47%），科学家（专家）（32.63%），企业（12.29%），教育机构（5.93%），其他（3.39%），无（2.12%）
生物遗传资源保存库的建设（N=872，总个案百分比=369.49%）	非政府组织（94.07%），科学家（专家）（81.78%），教育机构（63.56%），当地政府管理部门（36.86%），社区组织（25.85%），居民（21.61%），科研机构（16.10%），企业（1.69%），其他（0.85%）

续表

生物多样性保护公共事务	各个公众参与主体的支持作用（按个案百分比降序排列）
生物资源利用的公平惠益（N=732，总个案百分比=310.17%）	当地政府管理部门（90.68%），社区组织（73.73%），非政府组织（48.31%），企业（40.68%），教育机构（22.03%），科学家（专家）（14.83%），科研机构（10.17%），居民（7.20%），其他（2.12%），无（0.42%）

5.3.3 生物多样性保护公众参与机制的调查数据分析

5.3.3.1 法治机制的调查数据分析

对普通公众认为自己在生物多样性保护中应拥有的权利进行调查，结果见表 5−31。由表 5−31 可知，普通公众参与生物多样性保护的权利意识较强，选择各项权利的个案总数达到 608，个案总百分比为 389.74%，各项权利的个案百分比均在 50%以上。基于此可推知，当地公众参与生物多样性保护的政治文化基础较好，具备公众参与的前提条件。

表 5−31 普通公众认为自己在生物多样性保护中应拥有的权利

权利	N	百分比	个案百分比
知情权	102	16.78%	65.38%
参与权	91	14.97%	58.33%
监督权	142	23.36%	91.03%
诉讼权	148	24.34%	94.87%
其他（受益权、救济权）	125	20.56%	80.13%
总计	608	100.00%	389.74%

对普通公众和政府管理部门人员对当地生物多样性保护公众参与的法治保障的认知进行调查，结果见表 5−32。由表 5−32 可知，普通公众和政府管理部门人员都认为当地公众参与生物多样性保护的制度供给欠缺，当地尚缺乏相关的政策保障。普通公众和政府管理部门人员认为当地正在执行的关于公众参与生物多样性保护的法律法规和规章制度的数量处于“少”到“一般”的水平之间，按 1~5 对其数量进行从少到多的赋值评价，其均值分别为 2.6779 和 2.9989。这表明，调查地对于公众参与生物多样性保护的制度保障尚待完善，需要制定和完善相关的法律法规及规章制度来推动公众参与的有效实施。

表 5－32　普通公众和政府管理部门人员对当地生物多样性保护公众参与的法治保障的认知

认知	*N*	均值	标准差	均值的标准误
普通公众的认知	156	2.6779	0.79403	0.08702
政府管理部门人员的认知	80	2.9989	0.99928	0.09013

为了对公众参与的法治机制做更详细的调研，本研究针对生物多样性保护公众参与法治机制的相关事项作了详细调查。表 5－33 统计了政府管理部门人员对公众参与生物多样性保护的法治程序相关事项的认知，由该表可以看出，“采用的参与程序要符合当地现行法律法规”“参与者能够代表实施生物多样性保护项目的所有利益相关者”2 项的重要程度均值高于 4.0；“公众能够充分获得公众参与活动的信息”“参与者能充分表达诉求和意见”“参与者的诉求和意见能得到政府的及时反馈”3 项的重要程度均值介于 3.8～4.0 之间；“参与者能够实现自己权利（知情权、参与权、监督权和诉讼权）”“实际采用的参与程序要提前取得公众认可”2 项的重要程度均值相对较低，介于 3.5～3.7 之间。可见，政府管理部门人员普遍认为调查所罗列的相关事项具有一定的重要程度，在公众参与实践中，应加强与这些事项相关的法律法规和规章制度等的完善。

表 5－33　政府管理部门人员对公众参与生物多样性保护的法治程序相关事项的认知

相关事项	*N*	均值	标准差	均值的标准误
“参与者能够实现自己权利（知情权、参与权、监督权和诉讼权）”的重要程度	80	3.6579	0.99367	0.06524
“采用的参与程序要符合当地现行法律法规”的重要程度	80	4.2179	0.87475	0.05832
“实际采用的参与程序要提前取得公众认可”的重要程度	80	3.6299	1.04843	0.06987
“公众能够充分获得公众参与活动的信息”的重要程度	80	3.9967	0.91378	0.06099
“参与者能够代表实施生物多样性保护项目的所有利益相关者”的重要程度	80	4.0812	1.21182	0.08068
“参与者能充分表达诉求和意见”的重要程度	80	3.8724	0.88642	0.05802

续表

相关事项	N	均值	标准差	均值的标准误
“参与者的诉求和意见能得到政府的及时反馈”的重要程度	80	3.9217	1.00573	0.06689

5.3.3.2　方法培训机制的调查数据分析

对普通公众对生物多样性保护公众参与的参与式工具和方法的接受/认可程度进行调查，结果见表 5－34。由表 5－34 可知，普通公众对 22 项参与式工具和方法的接受/认可程度的均值都在 3.0 以上，其中有一半的参与式工具和方法的接受/认可程度的均值在 3.5 以上，对“个人访谈”的接受/认可程度均值最高，为 4.0299。由此可见，本书总结的生物多样性保护公众参与的参与式工具和方法具有一定的群众基础。

表 5－34　普通公众对生物多样性保护公众参与的参与式工具和方法的接受/认可程度

参与式工具和方法	N	均值	标准差	均值的标准误
信息公开、公示、公告	156	3.8932	0.83195	0.08757
生物多样性信息库建设	156	3.7112	0.96173	0.10146
政府新闻发布会	156	3.2176	0.79956	0.08417
媒体宣传	156	3.1329	0.88760	0.09368
个人访谈	156	4.0299	0.84057	0.08792
专家意见调查	156	3.6992	1.10791	0.11921
问卷调查	156	3.6312	1.17213	0.12427
焦点小组	156	3.5997	1.13896	0.12032
接受公众咨询	156	3.9974	1.00321	0.10116
公众座谈会	156	3.8976	0.83762	0.08993
专家论证会	156	3.6542	0.99879	0.10876
听证会	156	3.2179	1.27460	0.13201
调解	156	3.4321	0.78647	0.08212
公众培训	156	3.2398	1.00983	0.10675
公众监督	156	3.1982	1.26542	0.12986
公众奖励	156	3.8996	0.65892	0.07102
捐献	156	3.2198	0.98326	0.10658

续表

参与式工具和方法	N	均值	标准差	均值的标准误
名义小组	156	3.0298	1.09853	0.11786
协商会议	156	3.6759	1.13731	0.11876
联合工作小组	156	3.3219	1.09936	0.11675
志愿者行动	156	3.2016	0.99963	0.11005
社区自治或村民自治	156	3.2301	0.95329	0.10211

对政府管理部门人员对生物多样性保护公众参与的参与式工具和方法的熟悉程度进行调查，结果见表5-35。由表5-35可知，政府管理部门人员对生物多样性保护公众参与的参与式工具和方法的熟悉程度普遍较低，仅两项均值超过3.5，其中“信息公开、公示、公告”的熟悉程度均值最高，为3.7812；而“公众培训”“公众监督”“捐献”“名义小组”“志愿者行动”5项的熟悉程度均值都低于3.0，由此可见，目前政府实施公众参与在这五个方面存在较大的限制性。因此，政府管理部门人员应加强对这五个方面知识和技能的学习、教育和培训，从理论和实践两个方面提高对这些参与式工具和方法的认识、理解以及运用能力。

表5-35　政府管理部门人员对生物多样性保护公众参与的参与式工具和方法的熟悉程度

参与式工具和方法	N	均值	标准差	均值的标准误
信息公开、公示、公告	80	3.7812	0.78903	0.08376
生物多样性信息库建设	80	3.4921	0.90464	0.09124
政府新闻发布会	80	3.6213	0.84407	0.09035
媒体宣传	80	3.2391	0.74200	0.07800
个人访谈	80	3.1109	0.86316	0.09154
专家意见调查	80	3.2101	1.00934	0.10929
问卷调查	80	3.3216	1.04039	0.11040
焦点小组	80	3.4982	1.07356	0.11435
接受公众咨询	80	3.0271	0.70099	0.07425
公众座谈会	80	3.2343	1.03959	0.11045
专家论证会	80	3.3873	1.10381	0.11551
听证会	80	3.0912	1.07064	0.11156

续表

参与式工具和方法	N	均值	标准差	均值的标准误
调解	80	3.2193	0.93489	0.09240
公众培训	80	2.7852	0.76930	0.08117
公众监督	80	2.9764	0.93047	0.10000
公众奖励	80	3.4812	1.20628	0.12325
捐献	80	2.9981	0.71815	0.07336
名义小组	80	2.5432	0.94151	0.09799
协商会议	80	3.0213	1.19710	0.12110
联合工作小组	80	3.0012	0.59060	0.06226
志愿者行动	80	2.8976	0.91494	0.09782
社区自治或村民自治	80	3.2197	0.73338	0.07765

对政府管理部门实施生物多样性保护公众参与的参与式工具和方法的约束程度进行调查，结果见表5－36。由表5－36可知，政府管理部门运用各种公众参与的参与式工具和方法的约束程度均值普遍较低，仅“媒体宣传”和“公众奖励”的约束程度均值较高，分别为3.9976、3.9809。这表明，当地政府管理部门运用各种生物多样性保护公众参与的参与式工具和方法的约束较小，所面临的人力、物力及其他资源限制不明显，但对“媒体宣传”和“公众奖励”的投入还有待加强。

表5－36 政府管理部门实施生物多样性保护公众参与的参与式工具和方法的约束程度

参与式工具和方法	N	均值	标准差	均值的标准误
信息公开、公示、公告	80	3.1243	0.97128	0.09992
生物多样性信息库建设	80	3.1219	1.12982	0.11763
政府新闻发布会	80	2.9831	0.94832	0.10021
媒体宣传	80	3.9976	0.99218	0.10275
个人访谈	80	3.0442	1.02987	0.11562
专家意见调查	80	3.1643	1.15283	0.11986
问卷调查	80	3.4132	1.08928	0.11399
焦点小组	80	3.2346	1.09183	0.11498
接受公众咨询	80	2.9123	1.05383	0.10982

续表

参与式工具和方法	*N*	均值	标准差	均值的标准误
公众座谈会	80	3.2765	1.00819	0.11006
专家论证会	80	3.3219	1.07241	0.11512
听证会	80	3.4873	1.03924	0.11117
调解	80	2.4786	0.90349	0.09201
公众培训	80	3.0562	0.73790	0.08078
公众监督	80	2.7862	0.89907	0.09961
公众奖励	80	3.9809	1.17488	0.12286
捐献	80	2.3108	0.68675	0.07297
名义小组	80	2.7856	0.91011	0.09760
协商会议	80	2.9401	1.16570	0.12071
联合工作小组	80	2.6903	0.55920	0.06187
志愿者行动	80	2.8917	0.88354	0.09743
社区自治或村民自治	80	2.8912	1.40932	0.14689

对普通公众和政府管理部门人员参加教育培训的意愿进行调查，结果见表5−37。由表5−37可知，236名受访者中，非政府组织成员和科研机构人员参加教育培训的积极性最高，分别有92.0%和77.8%的受访者表示愿意或非常愿意参加参与式工具和方法的教育培训。非政府组织成员是参与式工具和方法培训的主要参加者，其参加培训的高度积极性有利于培训的顺利进行。另外，当地社区居民参加教育培训的意愿较弱，仅有16.0%的受访者表示愿意或非常愿意参加教育培训，有54.7%的受访者表示无所谓，还有29.3%的受访者表示不愿意或很不愿意参加教育培训。企业任职人员参加教育培训的积极性较普通社区居民稍高，有35.0%的受访者表示愿意或非常愿意参加教育培训，有25.0%的受访者不愿意或很不愿意参加。当地社区居民和企业任职人员本不在本研究所探讨的方法培训机制参加者之列，在调查中统计这两个群体的数据的主要目的是了解这两个群体参加教育培训的积极性，探讨公众参与的方法培训机制将来可能拓展的教育培训者。调查结果表明，目前这两个群体参加教育培训的积极性较低，有待进一步引导。

表 5−37　普通公众和政府管理部门人员参加教育培训的意愿

受访者	参加教育培训意愿的样本数及分布百分率									
	很不愿意		不愿意		无所谓		愿意		非常愿意	
	N	%	*N*	%	*N*	%	*N*	%	*N*	%
当地社区居民（总样本数 *N*=75）	7	9.3	15	20.0	41	54.7	9	12.0	3	4.0
企业任职人员（总样本数 *N*=20）	2	10.0	3	15.0	8	40.0	6	30.0	1	5.0
非政府组织成员（总样本数 *N*=25）	0	0	0	0	2	8.0	8	32.0	15	60.0
科研机构人员（总样本数 *N*=36）	1	2.8	2	5.6	5	13.9	20	55.6	8	22.2
政府管理部门人员（总样本数 *N*=80）	0	0.0	3	3.8	27	33.8	42	52.5	8	10.0

表 5−38 为政府管理部门人员认为最应该接受参与式工具和方法培训的群体的调查结果，依次排序为：非政府组织、社区组织、政府相关管理部门、科研机构、企业。由此可见，社区组织参加培训非常重要，而当前社区居民参加培训的积极性普遍不高，因而，加强对社区居民尤其是村委会、居委会成员的教育引导，是开展参与式工具和方法培训的重点。

表 5−38　政府管理部门人员认为最应该接受参与式工具和方法培训的群体

受访群体	*N*	个案百分比	百分比
社区组织	71	88.8%	27.4%
非政府组织	78	97.5%	30.1%
政府相关管理部门	61	76.3%	23.6%
科研机构	36	45.0%	13.9%
企业	13	16.3%	5.0%
合计	259	323.8%	100.0%

5.3.3.3　公众科学机制的调查数据分析

对于公众科学机制的调查，本研究选择了公众对科学信息的渴求程度、政府信息公开的现状、公众对目前公众科学的了解这三个方面来进行。

对普通公众和政府管理部门人员认为“公众能够获得科学信息提供”的重要程度进行调查，结果见表5－39。由表5－39可知，受访者普遍认为“公众能够获得科学信息提供”比较重要，尤其是非政府组织成员和科研机构人员。值得注意的是，当地社区居民认为“公众能够获得科学信息提供”的重要程度较政府管理部门人员和企业任职人员高。对比表5－37中当地社区居民参加教育培训的积极性较低的调查结果可知，一方面当地社区居民认为生物多样性保护与自身生活息息相关，希望了解相关科学知识，另一方面又不太愿意参加程序繁杂的教育培训。

表5－39　普通公众和政府管理部门人员认为“公众能够获得科学信息提供”的重要程度

受访者	N	均值	标准差	均值的标准误
当地社区居民	75	3.9653	1.02843	0.06627
非政府组织成员	25	4.0065	1.20092	0.07968
科研机构人员	36	4.2976	0.79646	0.04992
企业任职人员	20	3.5500	0.81276	0.05099
政府管理部门人员	80	3.8375	1.20713	0.08911

表5－40和表5－41中的政府管理部门人员对政府信息公开程度的认知和对政府提供的公众参与渠道的认知显示，当地政府信息公开和公众参与渠道还存在较大发展空间。

表5－40　政府管理部门人员对政府信息公开程度的认知

受访者	N	均值	标准差	均值的标准误
政府管理部门人员	80	3.4316	1.00296	0.07805

表5－41　政府管理部门人员对政府提供的公众参与渠道的认知

受访者	样本数及分布百分率									
	很少		少		一般		多		很多	
	N	%	N	%	N	%	N	%	N	%
政府管理部门人员（总样本数 N=80）	3	3.75	21	26.25	42	52.50	14	17.50	0	0.00

对普通公众和政府管理部门人员对中国公众科学项目平台的认知进行调

查，结果见表5−42。由表5−42可知，中国的公众科学项目平台还处于被认识阶段，大多数受访者表示不了解该平台，只有少数科研机构人员和非政府组织成员熟悉该平台。这也印证了中国的公众科学尚处于起步阶段。

表5−42　普通公众和政府管理部门人员对中国公众科学项目平台的认知

受访者	样本数及分布百分率					
	完全不了解		听说过，但不熟悉		很熟悉	
	N	%	N	%	N	%
当地社区居民（总样本数 N=75）	75	100.00	0	0	0	0
企业任职人员（总样本数 N=20）	16	80.00	4	20.00	0	0.00
非政府组织成员（总样本数 N=25）	17	68.00	6	24.00	2	8.00
科研机构人员（总样本数 N=36）	13	36.11	19	52.78	4	11.11
政府管理部门人员（总样本数 N=80）	32	40.00	45	56.25	3	3.75

5.3.3.4　协议保护机制的调查数据分析

虽然研究区域内已经开展了几个协议保护机制项目，但是在对当地社区居民进行走访时发现，大多数居民并不了解协议保护机制项目。

对普通公众参与协议保护机制项目的意愿进行调查，结果见表5−43。由表5−43可知，各个群体中愿意参与协议保护机制项目的人员占该群体总样本数的比例从高到低依次为：非政府组织成员、科研机构人员、当地社区居民、企业任职人员。企业可在协议保护机制项目中提供资金资助，并从中获得收益，但目前企业的参与意愿不够高，这会在一定程度上影响协议保护机制项目的开展。

表5−43　普通公众参与协议保护机制项目的意愿

受访者	样本数及分布百分率					
	不愿意		无所谓		愿意	
	N	%	N	%	N	%
当地社区居民（总样本数 N=75）	2	2.67	19	25.33	54	72.00
企业任职人员（总样本数 N=20）	7	35.00	5	25.00	8	40.00
非政府组织成员（总样本数 N=25）	0	0.00	5	20.00	20	80.00
科研机构人员（总样本数 N=36）	1	2.78	9	25.00	26	72.22

对政府管理部门人员对协议保护机制项目的有效性认知进行调查，结果见

表 5-44。由表 5-44 可知，当地政府管理部门人员对协议保护机制项目的评价为有效的占到 80%。

表 5-44 政府管理部门人员对协议保护机制项目的有效性认知

受访者	样本数及分布百分率					
	有效		无效		不确定	
	N	%	*N*	%	*N*	%
政府管理部门人员（总样本数 *N*=80）	64	80.00%	3	3.75%	13	16.25%

对公众对协议保护机制项目中各参与主体的重要程度的认知进行调查，结果见表 5-45。由表 5-45 可知，公众认为，政府相关管理部门仍然是协议保护机制项目的主导，其次是社区组织和非政府组织；企业的作用仍然未被充分认识。

表 5-45 公众对协议保护机制项目中各参与主体的重要程度的认知

	社区组织	非政府组织	政府相关管理部门	科研机构	企业
样本数	152	161	236	117	107
百分率	19.66%	20.83%	30.53%	15.14%	13.84%

5.3.4 研究结论和建议

综合表 5-2～表 5-30 对生物多样性保护公共事务属性、公众支持重要程度以及能够起到支持作用的公众等的调查数据，19 项生物多样性保护公共事务执行中公众参与选择的具体内容见表 5-46。关于调研结果量度值高分组与低分组的划分，借鉴 5 刻度李克特量度的划分方法，本研究将均值 3.5 作为划分标准，将均值大于等于 3.500 者界定为程度高、小于 3.500 者界定为程度低。基于此，根据表 5-46 对各项公共事务的公众支持的重要程度的均值进行筛选，其中均值高于 3.8199 者界定为参与层次较高，以确保公众支持重要程度较高的公共事务能够取得执行所需的充分的公众支持。对于参与主体范围的界定，政府管理部门人员和普通公众认为对各项公共事务执行起到支持作用的公众个案百分比大于 50%者，是首先要确保能够参与的公众参与主体；其余参与者可按照各公共事务中个案百分比排序前四位（即本研究调查问卷中关于公众范围的 9 个选项的半数）的最低值（即对自然保护区管理人员的管理能力和业务水平起到支持作用的非政府组织个案百分比 22.88%）为依据进行选取，若高于此值则尽量让其参与到该项公共事务的执行中。据此标准，各公共事务执行中公众参与主体的范围可整合为表 5－46 中的最后一列——“参与主体范围的界定”。

表 5－46　19 项生物多样性保护公共事务执行中公众参与选择的具体内容（基于四个县的实践调研）

公共事务	公众支持的重要程度	需要的专业知识与技能的程度	政府具有的专业知识与技能的程度	公众愿意参与的程度	参与主体范围的界定
自然保护区外围的民间生物多样性保护	4.5237	3.5494	3.2891	3.7685	社区组织（97.03%），非政府组织（87.29%），当地政府管理部门（78.39%），居民（75.42%），科研机构（39.41%），科学家（专家）（34.32%）
生物多样性的违法行为的监督、举报	4.4387	3.1833	3.5679	3.6421	居民（95.76%），社区组织（90.68%），非政府组织（83.05%），企业（76.69%），当地政府管理部门（46.61%）
退牧还草工程的实施（如禁牧封育、轮封轮牧等措施）	4.1264	3.4743	4.0214	3.4875	社区组织（87.29%），当地政府管理部门（55.93%），居民（55.08%），企业（35.59%）
生物多样性知识的科普教育	4.1169	4.2180	3.0921	3.3467	教育机构（93.22%），科研机构（88.14%），科学家（专家）（74.15%），非政府组织（46.61%），当地政府管理部门（52.12%），居民（37.29%）
当地传统知识的调查	4.1052	4.1690	3.5125	3.9876	居民（95.76%），社区组织（94.49%），非政府组织（56.78%），科学家（专家）（46.61%），科研机构（41.53%），当地政府管理部门（41.10%），教育机构（30.08%）
生物多样性规划、计划实施的监督	3.9963	3.7292	4.0222	3.9875	当地政府管理部门（99.15%），社区组织（81.63%），居民（64.41%），非政府组织（50.00%），企业（35.59%），科学家（专家）（35.17%）

续表

公共事务	公众支持的重要程度	需要的专业知识与技能的程度	政府具有的专业知识与技能的程度	公众愿意参与的程度	参与主体范围的界定
地方政府与当地居民对自然保护区的协作管理	3.9582	3.6419	3.0021	3.8765	当地政府管理部门（100.00%），社区组织（92.37%），非政府组织（50.00%），居民（56.78%），教育机构（35.17%），科研机构（23.31%）
跨国界保护区的建立	3.9458	4.3213	2.9651	3.0212	非政府组织（51.27%），社区组织（47.46%），当地政府管理部门（39.83%），居民（38.56%），科研机构（33.47%），科学家（专家）（32.63%）
生物遗传资源的调查	3.8665	4.3356	3.6321	3.0580	科研机构（98.73%），科学家（专家）（95.76%），社区组织（83.90%），居民（82.20%），当地政府管理部门（70.76%），教育机构（63.56%），非政府组织（60.59%），企业（57.63%）
生物遗传资源保存库的建设	3.8480	4.4004	3.5421	3.4213	非政府组织（94.07%），科学家（专家）（81.78%），教育机构（63.56%），当地政府管理部门（36.86%），社区组织（25.85%）
野生动植物资源调查	3.8113	4.6438	3.7211	3.8753	科研机构（98.31%），科学家（专家）（88.98%），社区组织（84.75%），当地政府管理部门（63.98%），居民（63.14%），非政府组织（61.44%），教育机构（53.39%），企业（48.31%）
生物资源利用的公平惠益	3.8110	4.0544	2.9652	3.9876	当地政府管理部门（90.68%），社区组织（73.73%），非政府组织（48.31%），企业（40.68%）
自然保护区发展规划的制定	3.7064	4.0949	3.5411	3.7632	当地政府管理部门（72.46%），科学家（专家）（69.49%），居民（63.14%），科研机构（55.93%），社区组织（51.27%），非政府组织（46.61%），教育机构（35.59%），企业（23.31%）

续表

公共事务	公众支持的重要程度	需要的专业知识与技能的程度	政府具有的专业知识与技能的程度	公众愿意参与的程度	参与主体范围的界定
自然保护区监管措施的制定	3.6746	4.0555	3.6123	3.7657	科研机构（76.27%），当地政府管理部门（72.46%），社区组织（54.24%），非政府组织（49.15%），科学家（专家）（47.46%），教育机构（41.95%），居民（33.90%）
生物多样性保护相关信息的监测	3.6126	4.5901	3.0212	3.0124	科学家（专家）（91.95%），科研机构（80.93%），居民（71.19%），非政府组织（62.29%），教育机构（44.92%），当地政府管理部门（38.14%）
畜禽遗传资源保种场和保护区的建设	3.4922	4.6499	2.7862	3.1254	当地政府管理部门（83.90%），社区组织（74.58%），企业（70.34%），科研机构（56.36%），居民（34.75%），科学家（专家）（26.69%）
生物多样性保护法律法规的制定	3.3145	3.7606	3.9892	3.0321	当地政府管理部门（70.34%），社区组织（55.08%），非政府组织（55.08%），科学家（专家）（48.73%），科研机构（47.46%）
生物多样性信息管理系统的建立	3.1505	4.6564	3.4971	3.0167	科研机构（94.49%），科学家（专家）（88.98%），教育机构（55.51%），非政府组织（54.66%），当地政府管理部门（31.36%），企业（22.88%）
自然保护区管理人员的管理能力和业务水平的提高	3.0796	4.0908	3.3298	2.9987	当地政府管理部门（66.95%），科学家（专家）（36.02%），教育机构（30.51%），非政府组织（22.88%）

基于四个县的实践调研数据，公众对知情权、参与权、监督权、诉讼权都较为关注，他们的权利意识较强。当地参与型政治文化构建的基础较好，已经具备合理扩充公众参与的前提条件。但是，无论是政府管理部门人员还是普通公众都认为涉及公众参与生物多样性保护的法律法规和政策的数量较少，制度

供给不足。可见，制度建设仍然是推动生物多样性保护公众参与有效实施的首要任务。因此，政府一方面应完善已有相关制度在生物多样性保护中的应用细则，另一方面要进一步制定专门针对生物多样性保护公众参与的相关制度。为保障生物多样性保护公众参与的有效实施，政府应确保参与程序符合当地现行法律法规，参与者能够代表实施生物多样性保护项目的所有利益相关者，公众能够充分获得相关活动信息，参与者能充分表达诉求和意见，参与者的诉求和意见能得到政府的及时反馈，参与者能够实现自己的权利，实际采用的参与程序要提前取得公众的认可。

公众对参与式工具和方法的认知见表 5−47。由表 5−47 可知，普通公众对参与式工具和方法的认可程度较高，本书所总结的生物多样性保护公众参与的参与式工具和方法具备一定的群众基础。但是，政府管理部门人员对参与式工具和方法的熟悉程度偏低。其中，普通公众的认可程度超过 3.500 而政府管理部门人员的熟悉程度低于 3.500 的参与式工具和方法是方法培训过程中需要重点讲解的内容。那些政府管理部门人员熟悉程度高、普通公众认可程度也高的参与式工具和方法优先适用，如“信息公开、公示、公告”。对运用约束程度较高的参与式工具和方法，应适当加大投入。此外，本研究对普通公众参加教育培训的意愿进行了调查，非政府组织成员是参与式工具和方法培训的主要参加者，其参加教育培训的高度积极性有利于培训的顺利进行。社区组织参加教育培训对公众参与活动的开展非常重要，而当前社区居民参加教育培训的积极性普遍不高，因而，加强对社区居民尤其是村委会、居委会成员的引导，是开展参与式工具和方法培训的重点。

表 5−47　公众对参与式工具和方法的认知

参与式工具和方法	普通公众的认可程度	政府管理部门人员的熟悉程度	实施该方法的约束程度
信息公开、公示、公告	3.8932	3.7812	3.1243
生物多样性信息库建设	3.7112	3.4921	3.1219
政府新闻发布会	3.2176	3.6213	2.9831
媒体宣传	3.1329	3.2391	3.9976
个人访谈	4.0299	3.1109	3.0442
专家意见调查	3.6992	3.2101	3.1643
问卷调查	3.6312	3.3216	3.4132
焦点小组	3.5997	3.4982	3.2346

续表

参与式工具和方法	普通公众的认可程度	政府管理部门人员的熟悉程度	实施该方法的约束程度
接受公众咨询	3.9974	3.0271	2.9123
公众座谈会	3.8976	3.2343	3.2765
专家论证会	3.6542	3.3873	3.3219
听证会	3.2179	3.0912	3.4873
调解	3.4321	3.2193	2.4786
公众培训	3.2398	2.7852	3.0562
公众监督	3.1982	2.9764	2.7862
公众奖励	3.8996	3.4812	3.9809
捐献	3.2198	2.9981	2.3108
名义小组	3.0298	2.5432	2.7856
协商会议	3.6759	3.0213	2.9401
联合工作小组	3.3219	3.0012	2.6903
志愿者行动	3.2016	2.8976	2.8917
社区自治或村民自治	3.2301	3.2197	2.8912

对于公众科学机制的调查，本研究选择了公众对科学信息的渴求程度、政府信息公开的现状、公众对目前公众科学的了解这三个方面。生物多样性保护公众参与的主体普遍认为“公众能够获得科学信息提供”比较重要，尤其是非政府组织成员和科研机构人员。值得注意的是，当地社区居民认为“公众能够获得科学信息提供”的重要程度高于政府管理部门人员和企业任职人员。对比前文当地社区居民参加教育培训的意愿较低的调查结果可知，一方面当地社区居民认为生物多样性保护与自身生活息息相关，希望了解相关科学知识；另一方面又不愿意过多参加程序繁杂的培训。政府管理部门人员对政府信息公开现状和政府提供的公众参与渠道的现状的认知调查表明，当地政府信息公开和公众参与渠道还存在较大的发展空间。调研结果表明，中国的公众科学项目平台还处于被认识阶段，大多数受访者表示不了解该平台，只有少数科研机构人员和非政府组织成员熟悉该平台。这也印证了中国的公众科学尚处于起步阶段。

虽然在调研区域内已经展开了个别协议保护机制项目，但是在对当地居民的走访过程中发现，大多数居民对其并不了解。公众对协议保护机制项目中各参与主体的重要程度的认知结果显示，政府管理部门仍然是协议保护机制项目的主导机构，其次是社区组织和非政府组织。企业的作用在协议保护机制中仍然未被充分认识，且企业本身参与意愿不足。由于企业在协议保护机制中可提供资金资助及从中获得利益，目前企业参与意愿不足将会影响协议保护机制项目的展开。建议加大对企业参与生物多样性保护相关公共事务的引导和宣传，与企业共同探讨生物多样性保护策略，尤其是鼓励企业资本参与林木种质资源保护、野生动植物野外资源保护公益事业［如野生动（植）物园的建设等］。

结 语

正如联合国环境规划署执行主任 Achim Steiner 在 2016 年联合国环境大会开幕式上所说:“不论你是一名政策制定者、立法者、科学家或是普通公民,作为一名环境保护人士,都赶上了最美好的时代。”在全民亲近自然、热爱自然的时代背景下,推动中国生物多样性保护公众参与机制的建设,可谓具备了“天时、地利、人和”之势。

中国的生物多样性保护公众参与机制研究尚处于起步阶段,本书以保护生物多样性和维护人类福祉为指导思想,研究了生物多样性保护的公众参与机制。生物多样性保护公众参与机制的研究,涉及政治学、管理学、环境生态学、法学、社会学等多学科领域,各学科的理论和实践奠定了生物多样性保护公众参与机制的基础。环境权理论、社会冲突理论、协商民主理论、阶梯理论构成了公众参与机制的理论基础;中国缔约的生物多样性保护国际条约和中国制定的国家政策,为中国建设生物多样性保护公众参与机制提供了政策基础。

生物多样性保护的公益性和复杂性,要求政策的产生和制定必须有企业、非政府组织、科研机构、政府管理部门和个人的共同参与。尽管很难将各方的意愿和偏好都反映到公共政策中,但由于各个主体代表不同的利益,只有在参与的过程中才能互相了解和协调。所以,建立生物多样性保护公众参与机制,鼓励公众通过各种途径从事生物多样性保护,是非常有必要的。公众参与的模式分为个人参与和社会参与两种。其中,社会参与模式包括社区参与和非政府组织参与,是个人参与模式组织化的结果,可以提高公众参与的有效性。目前,中国的生物多样性保护个人参与处于被动参与的阶段,而社会参与模式处于摸索实践的阶段。

本书以公众参与法治机制为基础,方法培训机制、公众科学机制和协议保护机制为补充,构建了生物多样性保护公众参与机制。公众参与的法治机制使得公众环境权利得以实现,赋予公民环境知情权和环境参与权。中国关于公众参与的法制建设已经取得了一定的成就，法律法规中对于公民参与生态环境保护的权力作了明确规定。“南平生态破坏案”是非政府组织、科研机构以及政府相关资源管理部门共同参与环境公益诉讼的成功实例。公众参与的方法培训机制为公众参与生物多样性保护提供了具体的方法和途径，是构建中国生物多样性保护公众参与机制的有机组成部分。在生物多样性保护领域，公众参与的参与式工具和方法有问卷调查、半结构访谈、绘图类工具、分析类工具等。本书建议制定生物多样性领域的《公众参与的工具和技术细则》作为《环境保护公众参与办法》的补充。公众参与的公众科学机制为生物多样性保护公众参与的科学研究提供了平台。生物多样性的科学研究涉及繁多的本底数据调查、数据收集和整理，往往需要耗费大量的时间和精力，有些数据甚至是科学家无法获得的，而公众参与科学数据的收集、整理和分析则有效地补充了这一不足。公众参与的协议保护机制为公众参与生物多样性保护提供了实践模式。协议保护机制通常运用在自然保护区及其周边地区的生物多样性管理中，是由保护区的管理部门、林业部门等政府机构，会同科研机构、民间环境保护组织、企业、社区居民等多方参与的机制。但应注意，协议保护机制中的社区参与应惠及村民个人利益。

本书阐述的生物多样性保护公众参与机制的实践研究表明，在研究地区，当地生物多样性保护公共事务的执行需要公众的深层次参与；当地公众的权利意识初步形成，但其公共精神不足，接受相关教育培训的意愿尚需加强；政府管理部门人员已经认可公众参与生物多样性保护公共事务，并正在积极推动政府信息的公开，但当地公众参与生物多样性保护的制度供给仍有不足，相关的法律法规等有待进一步完善；政府为公众参与提供的渠道不足，政府组织回应公众参与的能力还较低；对于一些公众参与意愿较低的生物多样性保护公共事务，需要采取一些激励手段来推动实施。

在后续研究中，可从以下四个方面细化相关的研究内容，提高研究结论对实践的指导性。

第一，本书对生物多样性保护公共事务的研究属于初步构建阶段，还需进一步引入管理学、政治学等学科的相关理论，对参与主体和客体进行优化、细化。

第二，对公众参与生物多样性保护公共事务的动机及其影响因素展开专题研究。

第三，拓宽研究样本的地域范围，在更广的地域范围内选择更多的案例进行调查研究，以提高研究结论的代表性，提升实践应用价值。

第四，可按生物多样性保护区域保护对象的不同，探讨建立不同类型生物多样性保护区域公众参与机制的途径。对于协议保护机制，要进行专题研究，探讨其在生物多样性保护领域的具体运作模式。

参考文献

Allen J B, Ferrand J L. Environmental locus of control, sympathy and pro-environmental behavior [J]. Environment and Behavior, 1999, 31 (3): 338-353.

Arnstein R S. A ladder of citizen participation [J]. Journal of the American Institute of Planners, 1969, 35 (4): 215-224.

Barnosky A D, Matzke N, Tomiya S, et al. Has the Earth's sixth mass extinction already arrived? [J]. Nature, 2011, 471 (7336) : 51-57.

Nathan J B, Philip D. Why local people do not support conservation: community perceptions of marine protected area livelihood impacts, governance and management in Thailand [J]. Marine Policy, 2014 (44): 107-116.

Benz S, Miller-Rushing A, Domroese M, et al. Workshop 1: Conference on Public Participation in Scientific Research 2012: an international, interdisciplinary conference [C]. The Ecological Society of America, 2013, 94 (1): 112-117.

Bosch O J H, King C A, Herbohn J L, et al. Getting the big picture in natural resource management—Systems thinking as 'method' for scientists, policy makers and other stakeholders [J]. Systems Research and Behavioral Science, 2007, 24 (2): 217-232.

Bosch O J H, Ross A H, Beeton R J S. Integrating science and management through collaborative learning and better information management [J]. Systems Research and Behavioral Science, 2003, 20 (2): 107-118.

Brent S S. Thinking globally and acting locally: environmental attitudes, behaviour and activism [J]. Journal of Environmental Management, 1996, 47 (1): 27-36.

Cain J, Batchelor C, Waughray D. Belief networks: a framework for the participatory development of natural resource management strategies [J]. Environment, Development and Sustainability, 1999 (1): 123-133.

Cash D W, Clark W C, Dickson N M, et al. Knowledge systems for sustainable development [C]. Proceedings of the National Academy of Sciences of the United States of America, 2003, 100: 8086-8091.

Catrina A M. Accruing benefit or loss from a protected area: location matters [J].

Ecological Economics，2012，76：119-129.

Possingham H P，Mascia M B，Cook C N，et al. Achieving conservation science that bridges the knowledge-action boundary [J]. Conservation Biology，2013，27 (4)：669-678.

Daniel M. Promoting sustainable mountain development at the global level [J]. Mountain Research and Development，2012，32 (S1)：64-70.

Daniel S E，Lawrence R L，Alig R J. Decision-making and ecosystem-based management：applying the Vroom-Yetton model to public participation strategy [J]. Environmental Impact Assessment Review，1996，16 (1)：13-30.

Darvill R，Lindo Z. The inclusion of stakeholders and cultural ecosystem services in land management trade-off decisions using an ecosystem services approach [J]. Landscape Ecology，2016，31 (3)：533-545.

Depoe S P，Delicath J W，Elsenbeer M F A.. Communication and Public Participation in Environmental Decision Making [M]. New York：State of University of New York Press，2011.

Dungumaro E W，Madulu N F. Public participation in integrated water resources management：the case of Tanzania [J]. Physics and Chemistry of the Earth，Parts A/B/C，2003，28 (20-27)：1009-1014.

Green A J. Public participation and environmental policy outcomes [J]. Canadian Public Policy，1997，4：435-448.

Gulnaz J，Chiranjeewee K，Harald V. Developing criteria and indicators for evaluating sustainable forest management：a case study in Kyrgyzstan [J]. Forest Policy and Economics，2012，21：32-43.

Hampton S E，Strasser C A，Tewksbury J J，et al. Big data and the future of ecology [J]. Frontiers in Ecology and the Environment，2013，11 (3)：156-162.

Havens K，Vitt P，Masi S. Citizen science on a local scale：the Plants of Concern program [J]. Frontiers in Ecology and the Environment，2012，10 (6)：321-323.

Henderson S. Citizen science comes ofage [J]. Frontiers in Ecology and the Environment，2012，10 (6)：283.

Hussain A，Dasgupta S，Bargali H S. Conservation perceptions and attitudes of semi-nomadic pastoralist towards relocation and biodiversity management：a case study of Van Gujjars residing in and around Corbett Tiger Reserve，India [J]. Environment and Sustainability，2016，18：57-72.

Jandreau C，Berkes F. Continuity and change within the social-ecological and political landscape of the Maasai Mara，Kenya [J]. Pastoralism：Research，Policy and Practice，2016 (6)：1-15.

Karl H A，Susskind L E，Wallace K H. A dialogue，not a diatribe：effective integration of science and policy through joint fact finding [J]. Environment Science and Policy for Sustainable Development, 2007, 49 (1): 20-34.

Lasgorceix A, Kothari A. Displacement and relocation of protected areas: a synthesis and analysis of case studies [J]. Economic and Political Weekly, 2009, 44 (49): 37-47.

Lauber T B, Knuth B A. Measuring fairness in citizen participation: a case study of moose management [J]. Society and Natural Resources, 1999, 12 (1): 19-37.

Lawrence R L, Deagen D A. Choosing public participation methods for natural resources: a context-specific guide [J]. Society and Natural Resources, 2001, 14 (10): 857-872.

Lee T, Quinn M S, Duke D. Citizen, science, highways, and wildlife: using a web-based GIS to engage citizens in collecting wildlife information [J]. Ecology and Society, 2006, 11 (1): 11.

Levrel H, Fontaine B, Henry P Y, et al. Balancing state and volunteer investment in biodiversity monitoring for the implementation of CBD indicators: a French example [J]. Ecological Economics, 2010, 69 (7): 1580-1586.

Linklater W L. Science and management in a conservation crisis: a case study with rhinoceros [J]. Conservation Biology, 2003, 17 (4): 968-975.

Liu X F, Zhu X F, Pan Y Z, et al. Vegetation dynamics in Qinling-Daba mountains in relation to climate factors between 2000 and 2014 [J]. Journal of Geographical Science, 2016, 26 (1): 45-58.

Losey J E, Perlman J E, Hoebeke E R. Citizen scientist rediscovers rare nine-spotted lady beetle, Coccinella novemnotata, in eastern North America [J]. Journal of Insect Conservation, 2007, 11 (4): 415-417.

Luca D F, Jane Wallace-Jones. The effectiveness of provisions and quality of practices concerning public participation in EIA inItaly [J]. Environmental Impact Assessment review, 2000, 20 (4): 457-479.

Muccione V, Salzmann N, Huggel C. Scientific knowledge and knowledge needs in climate adaptation policy: a case study of diverse mountain regions [J]. Mountain Research and Development, 2016, 36 (3): 364-375.

Margaret A H. Citizen participation in water management [J]. Water Science and Technology, 1999, 40 (10): 125-130.

Meffe G K. Editorial: crisis in a crisis discipline [J]. Conservation Biology, 2001, 15 (2): 303-304.

Miller R A, Primack R, Bonney R. The history of public participation in ecological research [J]. Frontiers in Ecology and the Environment, 2012, 10 (6): 285-290.

Moen J. Land use in the Swedish mountain region: trends and conflictinggoals [J]. The International Journal of Biodiversity Science and Management, 2006, 2 (4): 305-314.

Pimm L S. What is biodiversity conservation? [J]. Ambio, 2021 (50): 976-980.

Plein L C, Green K E, Williams D G. Organic planning: a new approach to public participation in local governance [J]. The Social Science Journal, 1998, 35 (4): 509-523.

Porter R. Gentlemen and geology: the emergence of a scientific career, 1660-1920 [J]. The Historical Journal, 1978, 21 (4): 809-836.

Pretty J. The many interpretations of participation [J]. Focus, 1995 (16): 4-5.

SachsJ D, Baillie J E M, Sutherland W J, et al. Biodiversity conservation and the millennium development goals [J]. Science (New York), 2009, 325 (5947): 1502-1503.

Shirk J, Ballard H L, Wilderman C C, et al. Public participation in scientific research: a framework for deliberate design [J]. Ecology and Society, 2012, 17 (2): 183.

Silvertown J. A new dawn for citizen science [J]. Trends in Ecology and Evolution, 2009, 24 (9): 467-471.

Oba G, Sjaastad E, Roba H G. Framework for participatory assessments and implementation of global environmental conventions at the community level [J]. Land Degradation & Development , 2008, 19: 65-76.

Pullin A S, Knight T M. Assessing conservation management's evidence base: a survey of management-plan compilers in the United Kingdom and Australia [J]. Conservation Biology, 2005, 19: 1989-1996.

Roba H G, Oba G. Community participatory landscape classification and biodiversity assessment and monitoring of grazing lands in northern Kenya [J]. Journal of Environmental Management, 2009, 90 (2): 673-682.

Robinson L W, Berkes F. Multi-level participation for building adaptive capacity: Formal agency-community interactions in northern Kenya [J]. Global Environmental Change, 2011, 21 (4): 1185-1194.

Sample V A. A framework for public participation in natural resource decision making [J]. Journal of Forestry, 1993, 91 (7): 22-27.

Schultz W, Zelezny L C. Values and pro-environmental behavior: a five-county survey [J]. Journal of Cross-Cultural Psychology, 1998, 29 (4): 540-558.

Smith C S, Howes A L, Price B, et al. Using a Bayesian belief network to predict suitable habitat of an endangered mammal—the Julia Creek dunnart (Sminthopsis douglasi) [J]. Biological Conservation, 2007, 139 (3-4): 333-347.

Sutherland W J, Goulson D, Potts S G, et al. Quantifying the impact and relevance of scientific research [J]. Public Library of Science ONE, 2011, 6 (11): 1-10.

Tarrant M, Cordell H. The effect of respondent characteristics on general environmental attitude-behavior correspondence [J]. Environment and Behavior, 1997, 29 (5): 618-637.

Wang X H. Assessing public participation in U. S. cities [J]. Public Performance and

Management Review，2001，24（4）：322-336.

Webler T，Tuler S. Fairness and competence in citizen participation：theoretical reflections from a case study [J]. Administration & Society，2000，32（5）：566-595.

Young K D，Aarde R J V. Science and elephant management decisions in South Africa [J]. Biological Conservation，2011，144（2）：876-885.

钟兴菊，罗世兴. 公众参与环境治理的类型学分析——基于多案例的比较研究 [J]. 南京工业大学学报（社会科学版），2021，20（1）：54-76，112.

任海，郭兆晖. 中国生物多样性保护的进展及展望 [J]. 生态科学，2021，40（3）：247-252.

陈晓彤. 企业发展与生态环境保护共赢 [J]. 环境与发展，2020，32（7）：187-188.

齐萍，刘海涛. 习近平总书记生物多样性保护重要论述的内涵意蕴 [J]. 山东理工大学学报（社会科学版），2021，37（4）：21-27.

蔡定剑. 公众参与——欧洲的制度和经验 [M]. 北京：法律出版社，2009.

蔡守秋. 环境道德与法治 [J]. 中华环境，2015（8）：27-29.

蔡守秋. 环境政策学 [M]. 北京：科学出版社，2009.

昌敦虎，安海蓉，王鑫. 环境问题的复杂性与公众参与行为扩展 [J]. 中国人口·资源与环境，2004，14（4）：131-133.

陈芳. 公共服务中的公民参与——基于多层次制度分析框架的检视 [M]. 北京：中国社会科学出版社，2011：180-188.

陈焕章. 实用环境管理学 [M]. 武汉：武汉大学出版社，1997.

陈昕. 基于有效管理模型的环境影响评价公众参与有效性研究 [D]. 长春：吉林大学，2010.

程六寿. 论政策和公众参与在菜子湖湿地生态恢复中的作用 [J]. 安徽林业科技，2009（4）：37-38.

邓一荣，肖荣波，周健，等. 岭南生态社区的绿地生物多样性提升规划设计 [J]. 南方建筑，2014（6）：110-115.

国家环保总局，教育部. 全国公众环境意识调查报告 [M]. 北京：中国环境科学出版社，1999.

中华人民共和国环境保护部. 中国生物多样性保护战略与行动计划（2011—2030 年）[M]. 北京：中国环境科学出版社，2011.

季理华，张勇. 环境权的概念及其属性 [J]. 新疆财经学院学报，2004（4）：59-62.

马晓明. 三方博弈与环境制度 [D]. 北京：北京大学，2003.

彭欣，杨建毅，陈少波，等. 基于海洋渔业生存发展的生物多样性保护对策研究——以浙江省为例 [J]. 浙江农业学报，2012，24（1）：41-47.

李荣禄. 武夷山自然保护区的联合保护与社区的协调发展 [J]. 林业经济，2001（12）：55-57.

李欣，白建明．协议保护项目中不同利益群体的角色定位研究——基于李子坝协议保护项目的实践探索［J］．生态经济，2012（11）：165-170.
李伟权．政府回应论［M］．北京：中国社会科学出版社，2005.
林敏，张江波，刘志斌．四川秦巴山区绿色交通网络体系构建的要素研究［J］．国土资源科技管理，2016，33（2）：109-116.
刘敏．天津建筑遗产保护公众参与机制与实践研究［D］．天津：天津大学，2012.
刘永功，刘燕丽，Remenyi J，等．自然资源管理中的公众参与和性别主流化［M］．北京：中国农业大学出版社，2012.
司林胜．中国企业环境管理现状与建议［J］．企业活力，2002（10）：16-18.
石路．政府公共决策与公民参与［M］．北京：社会科学文献出版社，2009.
石峡．土地整治公众参与机制研究［D］．北京：中国农业大学，2015.
史玉成．论公众环境知情权及其法律保障［J］．甘肃政法学院学报，2004（2）：55-58.
斯幸峰，丁平．欧美陆地鸟类监测的历史、现状与我国的对策［J］．生物多样性，2011，19（3）：303-310.
宋金龙．论马克思社会冲突理论的时代启示与实践价值［J］．理论界，2014（12）：24-27.
谭静，冯杰，汪明．自然保护区重要过渡带危机及对策研究——基于四川阿坝自治州理县马山村协议保护机制的调研［J］．林业资源管理，2011（2）：27-31，77.
陶文娣，王会，王瑾芳，等．北京市大学生环境意识调查与分析［J］．中国人口·资源与环境，2004（1）：130.
汪劲，严厚福，孙晓璞．环境正义：丧钟为谁而鸣——美国联邦法院环境诉讼经典判例选［M］．北京：北京大学出版社，2006.
王彬彬．浅析科塞的社会冲突理论［J］．辽宁行政学院学报，2006，8（8）：46-47.
王春雷．基于有效管理模型的重大活动公众参与研究——以2010年上海世博会为例［M］．上海：同济大学出版社，2010.
王凤．公众参与环保行为机理研究［M］．北京：中国环境科学出版社，2008.
王京传．旅游目的地治理中的公众参与机制研究［D］．天津：南开大学，2013.
王锡锌．行政过程中公众参与的制度实践［M］．北京：中国法制出版社，2008.
王艳，杨忠直．健康资本、效率工资与政府补贴——企业环境保护行为的微观分析［J］．上海交通大学学报，2005，39（10）：1578-1581.
王向东，袁孝亭．西部农村公众环境意识调查与环境教育刍议［J］．环境教育，2005（5）：45-46.
王志鑫．生态文明视野下的环境权研究［J］．中南林业科技大学学报（社会科学版），2015，9（6）：97-100，105.
王周户．公众参与的理论与实践［M］．北京：法律出版社，2011.
徐标．环境权解析［J］．黑龙江对外经贸，2009（9）：75-76，127.
许晓明．环境领域中公众参与行为的经济分析［J］．中国人口·资源与环境，2004，

14 (1):127-128.

杨保军，陈鹏. 社会冲突理论视角下的规划变革［J］. 城市规划学刊，2015 (1)：24-31.

杨飞虎. 公共投资项目决策公众参与研究［J］. 学术论坛，2010，33 (2)：93-99.

杨贤智，李景锟. 环境管理学［M］. 北京：高等教育出版社，1990.

杨振发，澜沧江—湄公河次区域生物多样性保护的法律合作机制［J］. 云南环境科学，2004，23 (3)：32-35.

叶文虎，栾胜基. 环境质量评价学［M］. 北京：高等教育出版社，1994.

约翰·克莱顿·托马斯. 公共决策中的公民参与：公共管理者的新技能与新策略［M］. 孙柏瑛，译. 北京：中国人民大学出版社，2005.

岳云华，冉清红，蔡跃平，等. 巴中革命老区贫困县旅游资源开发扶贫研究［J］. 中国农学通报，2012，28 (14)：150-156.

云立新. 论马克思主义社会冲突理论的现实关怀［J］. 甘肃社会科学，2011 (1)：17-20.

张风春. 国家治理体系和治理能力现代化总目标下的生物多样性保护对策［J］. 环境与可持续发展，2020 (2)：22-27.

张东向. 管理阶梯理论研究［J］. 金融理论与实践，2012 (3)：62-65.

张健，陈圣宾，陈彬，等. 公众科学：整合科学研究、生态保护和公众参与［J］. 生物多样性，2013，21 (6)：738-749.

张维平. 生物高度多样性国家简介［J］. 植物杂志，1992 (4)：2-4.

赵丽芳. 公众对生物多样性认知情况调查［J］. WTO经济导刊，2013 (8)：33-34.

张世秋，胡敏，胡守丽. 中国小城市妇女的环境意识与消费选择［J］. 中国软科学，2000 (5)：12-16.

中华人民共和国林业部. 中国21世纪议程林业行动计划［M］. 北京：中国林业出版社，1995.

中央编译局比较政治和经济研究中心，北京大学中国政府创新研究中心. 公共参与手册——参与改变命运［M］. 北京：社会科学文献出版社，2009.

周国模，沈月琴. 参与性生物多样性保护和利用［J］. 生态经济，1998 (3)：28-31.

朱狄敏. 公众参与环境保护：实践探索和路径选择［M］. 北京：中国环境科学出版社，2015.

附　录

附录1　公众参与生物多样性保护的调查问卷（普通公众）

尊敬的女士/先生您好：

非常感谢您填写此调查问卷！请您根据当地的实际情况，回答问卷中的相关问题。本次问卷调查结果仅供学术研究使用，并严格遵守匿名原则。谢谢！

请用“√”标注您的选择。

1. 您的基本信息。

性别：(1) 女　(2) 男

年龄：(1) 18～29岁　(2) 30～39岁　(3) 40～49岁　(4) 50岁及以上

职业：(1) 农民　(2) 科研机构人员　(3) 企业任职人员　(4) 非政府组织成员

受教育程度：(1) 初中以下　(2) 高中（含普通高中、中专、技校等）　(3) 大学（含大专、本科）　(4) 硕士及以上

是否参与过生物多样性保护相关的项目或活动：(1) 是　(2) 否

2. 请根据您对所在地生物多样性保护公众参与的相关公共事务的认识，回答下列问题（表中的1～5代表程度递增：1——很低，2——低，3——一般，4——高，5——很高）。

生物多样性保护公众参与公共事务	执行该项内容需要的专业知识与技能的程度	公众的支持（如信息提供、民意支持或资源支持）对执行该项内容的重要程度	您愿意参与该项事务的程度	您认为下列哪些个人或机构的参与能够对该项内容起支持作用（可多选）
生物多样性保护法律法规的制定	1 2 3 4 5	1 2 3 4 5	1 2 3 4 5	A. 当地政府管理部门；B. 社区组织；C. 居民；D. 科学家（专家）；E. 非政府组织；F. 科研机构；G. 教育机构；H. 企业；I. 其他；J. 无
退牧还草工程的实施（如禁牧封育、轮封轮牧等措施）	1 2 3 4 5	1 2 3 4 5	1 2 3 4 5	A. 当地政府管理部门；B. 社区组织；C. 居民；D. 科学家（专家）；E. 非政府组织；F. 科研机构；G. 教育机构；H. 企业；I. 其他；J. 无
生物多样性规划、计划实施的监督	1 2 3 4 5	1 2 3 4 5	1 2 3 4 5	A. 当地政府管理部门；B. 社区组织；C. 居民；D. 科学家（专家）；E. 非政府组织；F. 科研机构；G. 教育机构；H. 企业；I. 其他；J. 无
生物多样性的违法行为的监督、举报	1 2 3 4 5	1 2 3 4 5	1 2 3 4 5	A. 当地政府管理部门；B. 社区组织；C. 居民；D. 科学家（专家）；E. 非政府组织；F. 科研机构；G. 教育机构；H. 企业；I. 其他；J. 无
生物遗传资源的调查	1 2 3 4 5	1 2 3 4 5	1 2 3 4 5	A. 当地政府管理部门；B. 社区组织；C. 居民；D. 科学家（专家）；E. 非政府组织；F. 科研机构；G. 教育机构；H. 企业；I. 其他；J. 无
野生动植物资源调查	1 2 3 4 5	1 2 3 4 5	1 2 3 4 5	A. 当地政府管理部门；B. 社区组织；C. 居民；D. 科学家（专家）；E. 非政府组织；F. 科研机构；G. 教育机构；H. 企业；I. 其他；J. 无

续表

生物多样性保护公众参与公共事务	执行该项内容需要的专业知识与技能的程度	公众的支持（如信息提供、民意支持或资源支持）对执行该项内容的重要程度	您愿意参与该项事务的程度	您认为下列哪些个人或机构的参与能够对该项内容起支持作用（可多选）
当地传统知识的调查	1 2 3 4 5	1 2 3 4 5	1 2 3 4 5	A. 当地政府管理部门；B. 社区组织；C. 居民；D. 科学家（专家）；E. 非政府组织；F. 科研机构；G. 教育机构；H. 企业；I. 其他；J. 无
生物多样性保护相关信息的监测	1 2 3 4 5	1 2 3 4 5	1 2 3 4 5	A. 当地政府管理部门；B. 社区组织；C. 居民；D. 科学家（专家）；E. 非政府组织；F. 科研机构；G. 教育机构；H. 企业；I. 其他；J. 无
生物多样性信息管理系统的建立	1 2 3 4 5	1 2 3 4 5	1 2 3 4 5	A. 当地政府管理部门；B. 社区组织；C. 居民；D. 科学家（专家）；E. 非政府组织；F. 科研机构；G. 教育机构；H. 企业；I. 其他；J. 无
生物多样性知识的科普教育	1 2 3 4 5	1 2 3 4 5	1 2 3 4 5	A. 当地政府管理部门；B. 社区组织；C. 居民；D. 科学家（专家）；E. 非政府组织；F. 科研机构；G. 教育机构；H. 企业；I. 其他；J. 无
自然保护区发展规划的制定	1 2 3 4 5	1 2 3 4 5	1 2 3 4 5	A. 当地政府管理部门；B. 社区组织；C. 居民；D. 科学家（专家）；E. 非政府组织；F. 科研机构；G. 教育机构；H. 企业；I. 其他；J. 无
地方政府与当地居民对自然保护区的协作管理	1 2 3 4 5	1 2 3 4 5	1 2 3 4 5	A. 当地政府管理部门；B. 社区组织；C. 居民；D. 科学家（专家）；E. 非政府组织；F. 科研机构；G. 教育机构；H. 企业；I. 其他；J. 无

续表

生物多样性保护公众参与公共事务	执行该项内容需要的专业知识与技能程度	公众的支持（如信息提供、民意支持或资源支持）对执行该项内容的重要程度	您愿意参与该项事务的程度	您认为下列哪些个人或机构的参与能够对该项内容起支持作用（可多选）
自然保护区监管措施的制定	1 2 3 4 5	1 2 3 4 5	1 2 3 4 5	A. 当地政府管理部门；B. 社区组织；C. 居民；D. 科学家（专家）；E. 非政府组织；F. 科研机构；G. 教育机构；H. 企业；I. 其他；J. 无
自然保护区外围的民间生物多样性保护	1 2 3 4 5	1 2 3 4 5	1 2 3 4 5	A. 当地政府管理部门；B. 社区组织；C. 居民；D. 科学家（专家）；E. 非政府组织；F. 科研机构；G. 教育机构；H. 企业；I. 其他；J. 无
自然保护区管理人员的管理能力和业务水平的提高	1 2 3 4 5	1 2 3 4 5	1 2 3 4 5	A. 当地政府管理部门；B. 社区组织；C. 居民；D. 科学家（专家）；E. 非政府组织；F. 科研机构；G. 教育机构；H. 企业；I. 其他；J. 无
畜禽遗传资源保种场和保护区的建设	1 2 3 4 5	1 2 3 4 5	1 2 3 4 5	A. 当地政府管理部门；B. 社区组织；C. 居民；D. 科学家（专家）；E. 非政府组织；F. 科研机构；G. 教育机构；H. 企业；I. 其他；J. 无
跨国界保护区的建立	1 2 3 4 5	1 2 3 4 5	1 2 3 4 5	A. 当地政府管理部门；B. 社区组织；C. 居民；D. 科学家（专家）；E. 非政府组织；F. 科研机构；G. 教育机构；H. 企业；I. 其他；J. 无
生物遗传资源保存库的建设	1 2 3 4 5	1 2 3 4 5	1 2 3 4 5	A. 当地政府管理部门；B. 社区组织；C. 居民；D. 科学家（专家）；E. 非政府组织；F. 科研机构；G. 教育机构；H. 企业；I. 其他；J. 无

续表

生物多样性保护公众参与公共事务	执行该项内容需要的专业知识与技能的程度	公众的支持（如信息提供、民意支持或资源支持）对执行该项内容的重要程度	您愿意参与该项事务的程度	您认为下列哪些个人或机构的参与能够对该项内容起支持作用（可多选）
生物资源利用的公平惠益	1 2 3 4 5	1 2 3 4 5	1 2 3 4 5	A. 当地政府管理部门；B. 社区组织；C. 居民；D. 科学家（专家）；E. 非政府组织；F. 科研机构；G. 教育机构；H. 企业；I. 其他；J. 无

3. 公众参与的法治机制：

（1）您认为自己在生物多样性保护公共事务中应该享有哪些权利？（可多选）

A. 知情权　　B. 参与权　　C. 监督权　　D. 诉讼权　　E. 其他

（2）您认为当地正在执行的关于公众参与生物多样性保护的法律法规以及政策：

A. 很少　　B. 少　　C. 一般　　D. 多　　E. 很多

4. 公众参与的方法培训机制：

（1）请根据您对下列公众参与生物多样性保护的参与式工具和方法的认识，填写下表：

参与式工具和方法	您对该方法的认可程度				
信息公开、公示、公告	A. 很低	B. 低	C. 一般	D. 高	E. 很高
生物多样性信息库建设	A. 很低	B. 低	C. 一般	D. 高	E. 很高
政府新闻发布会	A. 很低	B. 低	C. 一般	D. 高	E. 很高
媒体宣传	A. 很低	B. 低	C. 一般	D. 高	E. 很高
个人访谈	A. 很低	B. 低	C. 一般	D. 高	E. 很高
专家意见调查	A. 很低	B. 低	C. 一般	D. 高	E. 很高
问卷调查	A. 很低	B. 低	C. 一般	D. 高	E. 很高
焦点小组	A. 很低	B. 低	C. 一般	D. 高	E. 很高
接受公众咨询	A. 很低	B. 低	C. 一般	D. 高	E. 很高

续表

参与式工具和方法	您对该方法的认可程度				
公众座谈会	A. 很低	B. 低	C. 一般	D. 高	E. 很高
专家论证会	A. 很低	B. 低	C. 一般	D. 高	E. 很高
听证会	A. 很低	B. 低	C. 一般	D. 高	E. 很高
调解	A. 很低	B. 低	C. 一般	D. 高	E. 很高
公众培训	A. 很低	B. 低	C. 一般	D. 高	E. 很高
公众监督	A. 很低	B. 低	C. 一般	D. 高	E. 很高
公众奖励	A. 很低	B. 低	C. 一般	D. 高	E. 很高
捐献	A. 很低	B. 低	C. 一般	D. 高	E. 很高
名义小组	A. 很低	B. 低	C. 一般	D. 高	E. 很高
协商会议	A. 很低	B. 低	C. 一般	D. 高	E. 很高
联合工作小组	A. 很低	B. 低	C. 一般	D. 高	E. 很高
志愿者行动	A. 很低	B. 低	C. 一般	D. 高	E. 很高
社区自治或村民自治	A. 很低	B. 低	C. 一般	D. 高	E. 很高

(2) 您愿意参与政府举办的公众参与方面的教育培训吗？

A. 很不愿意　B. 不愿意　C. 无所谓　D. 愿意　E. 非常愿意

5. 公众参与的公众科学机制：

(1) 您认为“公众能够获得科学信息提供”的重要程度：

A. 很低　B. 低　C. 一般　D. 高　E. 很高

(2) 您了解“中国公众科学项目平台”吗？

A. 完全不了解　B. 听说过，但不熟悉　C. 很熟悉

6. 公众参与的协议保护机制：

(1) 您愿意参与当地政府或环保组织开展的生物多样性协议保护机制项目吗？

A. 不愿意　B. 无所谓　C. 愿意

(2) 您认为下列哪个机构或组织在协议保护机制中起主导作用：

A. 社区组织　B. 非政府组织　C. 政府相关管理部门　D. 科研机构　E. 企业

附录2 公众参与生物多样性保护的调查问卷（政府管理部门人员）

尊敬的女士/先生您好：

非常感谢您填写此调查问卷！请您根据当地的实际情况，回答问卷中的相关问题，本次问卷调查结果仅供学术研究使用，并严格遵守匿名原则。谢谢！

请用“√”标注您的选择。

1. 请根据您对当地生物多样性保护公众参与的相关公共事务的认识，回答下列问题（表中的1～5代表程度递增：1——很低，2——低，3——一般，4——高，5——很高）。

生物多样性保护公众参与公共事务	执行该项内容需要的专业知识与技能的程度	政府已经具有的执行该项内容所需的专业知识和技能的程度	公众的支持对执行该项内容的重要程度	该项内容目前公众参与的程度	您认为下列哪些个人或机构的参与能够对该项内容起支持作用（可多选）
生物多样性保护法律法规的制定	1 2 3 4 5	1 2 3 4 5	1 2 3 4 5	1 2 3 4 5	A. 当地政府管理部门；B. 社区组织；C. 居民；D. 科学家（专家）；E. 非政府组织；F. 科研机构；G. 教育机构；H. 企业；I. 其他；J. 无
退牧还草工程的实施（如禁牧封育、轮封轮牧等措施）	1 2 3 4 5	1 2 3 4 5	1 2 3 4 5	1 2 3 4 5	A. 当地政府管理部门；B. 社区组织；C. 居民；D. 科学家（专家）；E. 非政府组织；F. 科研机构；G. 教育机构；H. 企业；I. 其他；J. 无
生物多样性规划、计划实施的监督	1 2 3 4 5	1 2 3 4 5	1 2 3 4 5	1 2 3 4 5	A. 当地政府管理部门；B. 社区组织；C. 居民；D. 科学家（专家）；E. 非政府组织；F. 科研机构；G. 教育机构；H. 企业；I. 其他；J. 无

续表

生物多样性保护公众参与公共事务	执行该项内容需要的专业知识与技能的程度	政府已经具有的执行该项内容所需的专业知识和技能的程度	公众的支持对执行该项内容的重要程度	该项内容目前公众参与的程度	您认为下列哪些个人或机构的参与能够对该项内容起支持作用（可多选）
生物多样性的违法行为的监督、举报	1 2 3 4 5	1 2 3 4 5	1 2 3 4 5	1 2 3 4 5	A. 当地政府管理部门；B. 社区组织；C. 居民；D. 科学家（专家）；E. 非政府组织；F. 科研机构；G. 教育机构；H. 企业；I. 其他；J. 无
生物遗传资源的调查	1 2 3 4 5	1 2 3 4 5	1 2 3 4 5	1 2 3 4 5	A. 当地政府管理部门；B. 社区组织；C. 居民；D. 科学家（专家）；E. 非政府组织；F. 科研机构；G. 教育机构；H. 企业；I. 其他；J. 无
野生动植物资源调查	1 2 3 4 5	1 2 3 4 5	1 2 3 4 5	1 2 3 4 5	A. 当地政府管理部门；B. 社区组织；C. 居民；D. 科学家（专家）；E. 非政府组织；F. 科研机构；G. 教育机构；H. 企业；I. 其他；J. 无
当地传统知识的调查	1 2 3 4 5	1 2 3 4 5	1 2 3 4 5	1 2 3 4 5	A. 当地政府管理部门；B. 社区组织；C. 居民；D. 科学家（专家）；E. 非政府组织；F. 科研机构；G. 教育机构；H. 企业；I. 其他；J. 无
生物多样性保护相关信息的监测	1 2 3 4 5	1 2 3 4 5	1 2 3 4 5	1 2 3 4 5	A. 当地政府管理部门；B. 社区组织；C. 居民；D. 科学家（专家）；E. 非政府组织；F. 科研机构；G. 教育机构；H. 企业；I. 其他；J. 无

续表

生物多样性保护公众参与公共事务	执行该项内容需要的专业知识与技能的程度	政府已经具有的执行该项内容所需的专业知识和技能的程度	公众的支持对执行该项内容的重要程度	该项内容目前公众参与的程度	您认为下列哪些个人或机构的参与能够对该项内容起支持作用（可多选）
生物多样性信息管理系统的建立	1 2 3 4 5	1 2 3 4 5	1 2 3 4 5	1 2 3 4 5	A. 当地政府管理部门；B. 社区组织；C. 居民；D. 科学家（专家）；E. 非政府组织；F. 科研机构；G. 教育机构；H. 企业；I. 其他；J. 无
生物多样性知识的科普教育	1 2 3 4 5	1 2 3 4 5	1 2 3 4 5	1 2 3 4 5	A. 当地政府管理部门；B. 社区组织；C. 居民；D. 科学家（专家）；E. 非政府组织；F. 科研机构；G. 教育机构；H. 企业；I. 其他；J. 无
自然保护区发展规划的制定	1 2 3 4 5	1 2 3 4 5	1 2 3 4 5	1 2 3 4 5	A. 当地政府管理部门；B. 社区组织；C. 居民；D. 科学家（专家）；E. 非政府组织；F. 科研机构；G. 教育机构；H. 企业；I. 其他；J. 无
地方政府与当地居民对自然保护区的协作管理	1 2 3 4 5	1 2 3 4 5	1 2 3 4 5	1 2 3 4 5	A. 当地政府管理部门；B. 社区组织；C. 居民；D. 科学家（专家）；E. 非政府组织；F. 科研机构；G. 教育机构；H. 企业；I. 其他；J. 无
自然保护区监管措施的制定	1 2 3 4 5	1 2 3 4 5	1 2 3 4 5	1 2 3 4 5	A. 当地政府管理部门；B. 社区组织；C. 居民；D. 科学家（专家）；E. 非政府组织；F. 科研机构；G. 教育机构；H. 企业；I. 其他；J. 无

续表

生物多样性保护公众参与公共事务	执行该项内容需要的专业知识与技能的程度	政府已经具有的执行该项内容所需的专业知识和技能的程度	公众的支持对执行该项内容的重要程度	该项内容目前公众参与的程度	您认为下列哪些个人或机构的参与能够对该项内容起支持作用（可多选）
自然保护区外围的民间生物多样性保护	1 2 3 4 5	1 2 3 4 5	1 2 3 4 5	1 2 3 4 5	A. 当地政府管理部门；B. 社区组织；C. 居民；D. 科学家（专家）；E. 非政府组织；F. 科研机构；G. 教育机构；H. 企业；I. 其他；J. 无
自然保护区管理人员的管理能力和业务水平的提高	1 2 3 4 5	1 2 3 4 5	1 2 3 4 5	1 2 3 4 5	A. 当地政府管理部门；B. 社区组织；C. 居民；D. 科学家（专家）；E. 非政府组织；F. 科研机构；G. 教育机构；H. 企业；I. 其他；J. 无
畜禽遗传资源保种场和保护区的建设	1 2 3 4 5	1 2 3 4 5	1 2 3 4 5	1 2 3 4 5	A. 当地政府管理部门；B. 社区组织；C. 居民；D. 科学家（专家）；E. 非政府组织；F. 科研机构；G. 教育机构；H. 企业；I. 其他；J. 无
跨国界保护区的建立	1 2 3 4 5	1 2 3 4 5	1 2 3 4 5	1 2 3 4 5	A. 当地政府管理部门；B. 社区组织；C. 居民；D. 科学家（专家）；E. 非政府组织；F. 科研机构；G. 教育机构；H. 企业；I. 其他；J. 无
生物遗传资源保存库的建设	1 2 3 4 5	1 2 3 4 5	1 2 3 4 5	1 2 3 4 5	A. 当地政府管理部门；B. 社区组织；C. 居民；D. 科学家（专家）；E. 非政府组织；F. 科研机构；G. 教育机构；H. 企业；I. 其他；J. 无

续表

生物多样性保护公众参与公共事务	执行该项内容需要的专业知识与技能的程度	政府已经具有的执行该项内容所需的专业知识和技能的程度	公众的支持对执行该项内容的重要程度	该项内容目前公众参与的程度	您认为下列哪些个人或机构的参与能够对该项内容起支持作用（可多选）
生物资源利用的公平惠益	1 2 3 4 5	1 2 3 4 5	1 2 3 4 5	1 2 3 4 5	A. 当地政府管理部门；B. 社区组织；C. 居民；D. 科学家（专家）；E. 非政府组织；F. 科研机构；G. 教育机构；H. 企业；I. 其他；J. 无

2. 公众参与的法治机制：

（1）您认为当地正在执行的关于公众参与生物多样性保护的法律法规以及政策：

A. 很少　　B. 少　　C. 一般　　D. 多　　E. 很多

（2）如果让您参与当地组织的生物多样性保护的公众参与活动，您认为下列事项的重要程度为（表中的 1～5 代表程度递增：1——很低，2——低，3——一般，4——高，5——很高）：

具体事项	重要程度
参与者能够实现自己的权利（知情权、参与权、监督权和诉讼权）	1 2 3 4 5
采用的参与程序要符合当地现行的法律法规	1 2 3 4 5
实际采用的参与程序要提前取得公众的认可	1 2 3 4 5
公众能够充分获得公众参与活动的信息	1 2 3 4 5
参与者能够代表实施生物多样性保护项目的所有利益相关者	1 2 3 4 5
参与者能充分表达诉求和意见	1 2 3 4 5
参与者的诉求和意见能得到政府的及时反馈	1 2 3 4 5

3. 公众参与的方法培训机制：

（1）请根据您对下列公众参与生物多样性保护的参与式工具和方法的认识，填写下表：

参与式工具和方法	您对该方法的熟悉程度	政府实施该方法的约束程度
信息公开、公示、公告	A. 很低 B. 低 C. 一般 D. 高 E. 很高	A. 很低 B. 低 C. 一般 D. 高 E. 很高
生物多样性信息库建设	A. 很低 B. 低 C. 一般 D. 高 E. 很高	A. 很低 B. 低 C. 一般 D. 高 E. 很高
政府新闻发布会	A. 很低 B. 低 C. 一般 D. 高 E. 很高	A. 很低 B. 低 C. 一般 D. 高 E. 很高
媒体宣传	A. 很低 B. 低 C. 一般 D. 高 E. 很高	A. 很低 B. 低 C. 一般 D. 高 E. 很高
个人访谈	A. 很低 B. 低 C. 一般 D. 高 E. 很高	A. 很低 B. 低 C. 一般 D. 高 E. 很高
专家意见调查	A. 很低 B. 低 C. 一般 D. 高 E. 很高	A. 很低 B. 低 C. 一般 D. 高 E. 很高
问卷调查	A. 很低 B. 低 C. 一般 D. 高 E. 很高	A. 很低 B. 低 C. 一般 D. 高 E. 很高
焦点小组	A. 很低 B. 低 C. 一般 D. 高 E. 很高	A. 很低 B. 低 C. 一般 D. 高 E. 很高
接受公众咨询	A. 很低 B. 低 C. 一般 D. 高 E. 很高	A. 很低 B. 低 C. 一般 D. 高 E. 很高
公众座谈会	A. 很低 B. 低 C. 一般 D. 高 E. 很高	A. 很低 B. 低 C. 一般 D. 高 E. 很高
专家论证会	A. 很低 B. 低 C. 一般 D. 高 E. 很高	A. 很低 B. 低 C. 一般 D. 高 E. 很高
听证会	A. 很低 B. 低 C. 一般 D. 高 E. 很高	A. 很低 B. 低 C. 一般 D. 高 E. 很高
调解	A. 很低 B. 低 C. 一般 D. 高 E. 很高	A. 很低 B. 低 C. 一般 D. 高 E. 很高
公众培训	A. 很低 B. 低 C. 一般 D. 高 E. 很高	A. 很低 B. 低 C. 一般 D. 高 E. 很高
公众监督	A. 很低 B. 低 C. 一般 D. 高 E. 很高	A. 很低 B. 低 C. 一般 D. 高 E. 很高
公众奖励	A. 很低 B. 低 C. 一般 D. 高 E. 很高	A. 很低 B. 低 C. 一般 D. 高 E. 很高
捐献	A. 很低 B. 低 C. 一般 D. 高 E. 很高	A. 很低 B. 低 C. 一般 D. 高 E. 很高
名义小组	A. 很低 B. 低 C. 一般 D. 高 E. 很高	A. 很低 B. 低 C. 一般 D. 高 E. 很高

续表

参与式工具和方法	您对该方法的熟悉程度	政府实施该方法的约束程度
协商会议	A. 很低 B. 低 C. 一般 D. 高 E. 很高	A. 很低 B. 低 C. 一般 D. 高 E. 很高
联合工作小组	A. 很低 B. 低 C. 一般 D. 高 E. 很高	A. 很低 B. 低 C. 一般 D. 高 E. 很高
志愿者行动	A. 很低 B. 低 C. 一般 D. 高 E. 很高	A. 很低 B. 低 C. 一般 D. 高 E. 很高
社区自治或村民自治	A. 很低 B. 低 C. 一般 D. 高 E. 很高	A. 很低 B. 低 C. 一般 D. 高 E. 很高

（2）您愿意参与政府举办的公众参与方面的教育培训吗？

A. 很不愿意　B. 不愿意　C. 无所谓　D. 愿意　E. 非常愿意

（3）您觉得下列哪个机构的人员最应该参加公众参与方面的培训？（可多选）

A. 社区组织　B. 非政府组织　C. 政府相关管理部门　D. 科研机构　E. 企业

4. 公众参与的公众科学机制：

（1）您认为“公众能够获得科学信息提供”的重要程度：

A. 很低　B. 低　C. 一般　D. 高　E. 很高

（2）您了解“中国公众科学项目平台”吗？

A. 完全不了解　B. 听说过，但不熟悉　C. 很熟悉

（3）您认为所在部门政府信息公开的程度：

A. 很低　B. 低　C. 一般　D. 高　E. 很高

（4）您认为所在部门提供的公众参与的渠道：

A. 很少　B. 少　C. 一般　D. 多　E. 很多

5. 公众参与的协议保护机制：

（1）您是否认为当地实施的生物多样性协议保护机制项目有效？

A. 是　B. 否　C. 不确定

（2）您认为下列哪个机构或组织在协议保护机制中起主导作用？（可多选）

A. 社区组织　B. 非政府组织　C. 政府相关部门　D. 科研机构　E. 企业